圈對粉
小生意也能
賺·大·錢

不用百萬關注，只要鐵粉圈住，
後網紅時代，IP 經濟正崛起！

許景泰 Jerry 著

500 大企業指名導師 & 超級經紀人

各界含金推薦
紅得對，也要紅得久！

「每個人都會爆紅 15 分鐘」，但要紅得對、也紅得久！

美國著名Pop藝術家安迪・沃荷（Andy Warhol）曾說過一句話：「在未來，每個人都能成名15分鐘。」現在隨著社群媒體、短影音的快速發展，確實進入了一個人人都能出名，人人都可以成名的時代。但是你想紅，我也想紅，背後正確的觀念和做法，才是你是否能紅得對、也紅得長久的最終因素。

Jerry 將多年累積的實戰及打造許多成功達人 IP 的經驗，化成輕鬆可以學習的教戰手冊，只要透過「爆」、「鎖」、「圈」、「賺」四步驟，人爆紅了，流量就有了，鎖定族群，再來圈粉，收益就來了。所以如果你成想為下一個爆紅 A 咖，Jerry 的新書《圈對粉，小生意也能賺大錢》是你最佳的選擇，你會發現原來實現網紅新經濟就是這麼簡單。

—— 易飛網集團策略長　Dr. Selena 楊倩琳

想成功的你，如果需要一記拓展思維的當頭棒喝、一套專業好懂的醍醐灌頂，這本書就是了！

時代在變，身處洪流中的我們總是很難透澈地看清局勢、進而制定作戰計畫，許景泰的慧眼將幫你望穿迷霧——更好的是，他不僅直言不諱地剖析了常見的盲點，更提供了完善的解決之道！

——知名 YouTuber　SKimmy 你的網路閨蜜

在這本書裡，指出了很多人在行銷上的錯誤觀念，並且一一點破，對於創業家、行銷人，很有幫助；加上內容簡單明白，不會用一堆專業術語，就算是行銷菜鳥，也可以一看就懂。

——貝克街巧克力蛋糕創辦人　王繁捷

作者身為資深網紅經紀人，以豐沛的社群操作經驗，系統化網紅經營與自媒體的獲利心法，精準到位又淺顯易懂，適合有心經營個人品牌的人士參考學習。

——財經主持人　朱楚文

　　線上課程，交給超級經紀人 Jerry（許景泰）就對了！他能敏銳看到老師的特質亮點，讓老師發揮最擅長的專業，傳達給需要的客群，哪怕只是潛在的客群。想了解圈粉經濟，想要加入網紅行列，這本書你一定不能錯過！

　　　　　　　　——財經節目主持人、主播、財經作家　邱沁宜

　　服務對的人，比服務很多人來得更重要。因為對的人，不僅看得懂、認同你的價值，需要你的價值，更重要的是他也願意回饋價值，這才是商業環境裡價值交換讓企業或個人永續發展的本質。鄭重推薦這本好書，讓我們活出人生真實價值。

　　　　　　　　——大亞創業投資股份有限公司執行合夥人　郝旭烈

　　過去，我總是傻傻地在自己的專業領域中鑽研知識，在遇見許景泰之後，他卻教會我重新看見自己、組織知識的方法，然後學習發揮潛能、將專業走出另一條新的道路。在恆長的生命旅程中，或許這些方法，也將翻轉你的人生。

　　　　　　　　——諮商心理師、作家　許皓宜

Jerry 讓我折服的能力是:「他對 IP 潛在特質的判斷」。我多看表象特徵與外顯特質,他總能挖掘出幾項不為人知的賣點,這也是他能開發出多款爆品的重要理由。對人有獨到的視角,對產品也有異於常人的觀點。

——知名講師、作家、主持人 謝文憲

作者序
用對方法，
不論生意大小都有新風景！

　　這一本書能為你個人、事業大大增值。當你真正懂得社群圈粉力時，將會使你的「專業」淘出金；或許，你正處在事業低谷，本書可以為你指引一條突破之路，找到拐點，憑藉社群威力乘風而上；假如你資源有限，更要明白如何運用極小的成本，做到收益最大化。這一切，你該從何開始？如何做到呢？

先心智，後市場

　　無論你賣的是什麼產品、服務，一定要明白，產品好不好不是你說了算，而是要讓你的顧客認為你好，才重要。一個賺錢的爆品，絕對是抓住顧客心智上的好，才能占有市場。試想，可口可樂、麥當勞，這些大品牌真的僅

僅是產品做得好，便贏得顧客青睞、樂意掏錢買單嗎？不，絕對不只如此，而是他們抓到了爆品，牢牢占領顧客心智，成為該領域的第一。〈Step1 爆〉就要告訴你如何聰明運用社群的力量，打造超級爆品、搶占顧客第一心智，讓你的專業鍍金，成為顧客心中認定的第一品牌。

鎖　先價值，後價格

　　誰在關注你的社群？誰又是你的好粉？〈Step2 鎖〉將揭露為何多數人花了大量時間、精力，甚至金錢經營社群，最終也許換來了很多數字上的社群關注，但商業價值、粉絲含金量都很低？核心問題在於從沒好好搞清楚：社群用戶是怎麼看待社群經營者所提供的「價值」為何？當你知道該如何重新梳理社群上不同用戶真正的需求，解決他們的痛點，才能找到一群支持者，擴大付費用戶，進而培養出屬於你的超級用戶，直到那一刻，你才具有價格主導權。這就是為何平平都是賣一瓶礦泉水，不同廠商可以標上不同價格，從十元、二十元、五十元都有人願意買；同樣的原理，想要在社群上勝出，你得明白如何先鎖住價值，後才有價格，最終脫穎而出。

先小眾，後分眾

社群上如何圈對粉？內容好不好、對不對，絕對是勝出的重要關鍵，但這一切的前提是你得學會先花時間，聚焦在一群小眾上，好好維繫他們、深入了解他們，才能從一小群好粉，擴大成一群願意買單的受眾。

為什麼先一小群，因為，資源有限，你必須集中火力在一群對的人身上，別花精力在不對的人身上。有捨才有得，先做好一個圈子，才能有能力聚小眾、取得分眾市場。一開始圈對、圈好，比你圈多少都來得重要。在〈Step3 圈〉我將一步步教你如何圈出能見度、圈出影響力，圈出真正有價值的好粉。從中，你會獲得一些實用的社群技巧，也將明白：只要學會借助圈子的粉絲力量，對個人、對事業，都能因此以小搏大、以弱勝強、以少贏多，發揮借力使力、用有限撬開無窮的機會。

先優秀，後卓越

想做好社群，別妄想一步登天，也千萬別害怕起步晚。無論你是要讓社群有價、獲利、變現，回到個人或事

業上，都得學會先活得好。在〈Step4 賺〉我告訴你的就是如何刻意練習，讓你的社群也能有獲利模式。一步一步來，使你的社群圈粉力從優秀到卓越（A 到 A⁺）！要能在社群上大放異彩的前提是：先有獨家、王牌的招牌菜。試著先求有招牌菜、再求好；求好後，更卓越，這一切，都是要讓顧客牢牢記住你。而要更上一層樓，也要懂得在社群上與粉絲互動時有新意，就像賈伯斯於 Apple 發表會的「One More Thing」，為忠實顧客張羅別出心裁的小菜，在體驗中感到尊榮、歸屬感，口碑自然應運而生。

　　你是否迫不及待，想成為真正的社群高手？舞台燈已經亮起，你就是這本書的主角，圈對粉，顧客便能源源不絕，現在就打開本書，跟著這本書的四個步驟：爆、鎖、圈、賺，邊讀邊思考、邊練習，讓自己的專業知識閃閃發光，一如金礦，用對社群方法，不論生意大小，都能發現全新風景！

CONTENTS

Step 2 鎖　讓粉黏住你

Step 3 卷 闢拓內容影響疆域

Step 4 賺 獲利是需要練習的

💬 圈粉練習

爆

你也可以是「爆品」

當市場如戰場，你想當核彈，還是啞彈？
對於專業人士而言，若是在死薪水之外，
有更多理想、更多渴望，
要想引爆自己的身價，必先從定位自己開始。

晉升 A 咖之路，
先打破三個陷阱

知識產權的時代已經來臨。

要談爆品，不可不先談知識產權（Intellectual Property），不少人會簡稱是「IP」，這個詞聽起來有點遙遠，但其實是我們「財富」的一部分。財富主要可區分為三類：動產、不動產、知識產權。進一步來說，知識產權就是「拿知識淘金」，各種知識創造，如發明、文學和藝術作品、設計等，都堪稱是某一個人或組織所擁有的知識產權。

1990 年代，IP 的概念在美國動漫產業興起、蔓延，諸如 DC 漫畫的《超人》和《蝙蝠俠》電影，抑或是英國《哈利波特》書籍、電影到主題樂園，都堪稱超級 IP。我們不是超人、蝙蝠俠、哈利波特，我們沒有超能力、沒有

富爸爸和超強管家、沒有魔法——但我們有專業。

要踏上 A 咖之路，擁有 IP，我認為 90％的專業人士都有機會，極少數的專業人士更能變身超級 IP；然而，不少專業人士卻會先掉入滿是陷阱的玻璃迷宮，看似閃閃發亮，卻使人受困。因此，在這本書的一開頭，我要先幫助你「打破」三個陷阱。

 假斜槓的毒藥

第一個陷阱是近年來非常紅的「斜槓」（Slash）：「斜槓」一詞源自《紐約時報》專欄作家瑪希・艾波赫（Marci Alboher）撰寫的書籍《雙重職業》。他認為，「愈來愈多年輕人不再滿足於單一職業，而選擇擁有多重職業和身分，一連串的頭銜或身分加到頭上，這些人便用『斜槓』來自我介紹。」

斜槓是好事，但不少專業人士卻是「假斜槓」——捫心自問：是否擁有不錯的專業，卻始終無法累積出代表作、知名度、可以讓人發出嘖嘖聲的頭銜——然而，社會

大眾往往從一個人的作品、口碑（譬如媒體報導），建構這個「具象」的人，缺了代表作，就無法建立起「可視化」的專業。

要成就 IP，第一步是「捨棄」——一般專業者能力強，可以做的事情很多，當零零星星的工作邀約上門，正宛如一顆顆包著糖衣的毒藥，充滿誘惑，卻可能讓自己的核心專業日趨模糊，捨與得之間，唯有捨棄不夠核心的「假斜槓」，才有機會讓知識變現，讓他人、企業願意付錢，向你學習、請教。

「斜槓」的真諦，是因為自己「核心能力強了」，以強核心為本，透過網路延伸激化，很自然產生一種賦能的網絡效應——當你練就核心（在某一、兩個領域很強）；鍛鍊出創業思維、執行精準度的商業頭腦；刻意練習各式工作必備技巧之後，善用「互聯網＋」的連結，就會形成一股強大的網絡影響力。

陷阱 2 長尾效應的幻想

第二個陷阱則是「甘於平凡」，平凡沒有不好，但必須很殘忍地說，在 IP 的世界，「長尾理論」並不適用。

我想先談談「長尾理論」。2004 年 10 月，《連線》雜誌主編克里斯·安德森（Chris Anderson）首次提出了長尾理論（The long tail），意思是：只要通路夠大，非主流的、需求量小的商品「總銷量」，也能夠和主流的、需求量大的商品銷量一較高下。而「長尾」指的就是 80%、過去不值得一賣的平凡小物。套用在 IP 身上，讓不少人期待，自己可以吃下一塊又一塊「小市場」，累積起來，便是大財富。

然而，這可能是幻想，我想說明的原因有二。

第一，網路世界正在朝著「贏家通吃」的方向邁進。從 Google、臉書、Uber 以及其他獨占企業的例子來看，透過網路效應，萬事萬物得以串連。大數據、網路設備以及演算法，將會讓愈來愈多單一的公司掌握獨一無二的優

勢。傑克・屈特（Jack Trout）在 1980 年代撰寫的《定位》（Positioning：The Battle for Your Mind）一書告誡我們，第一進入者擁有絕對主導市場的優勢，因為「長期市場分額，第一名的品牌通常是第二名品牌的兩倍，更是第三名品牌的四倍，這個比例不會輕易改變。」

第二則是「注意力法則」。搶占眼球第一名的人，往往可以吸引大量流量，取得最多的資源，換言之，取得客戶的成本也能極小化。回到你我生活，其實不難發現例子，譬如熱門電影，2010 年，電影業龍頭之一的華納兄弟光投資前三大片《哈利波特》、《全面啟動》、《超世紀封神榜》，便占了製作預算的三分之一，狂砸資源，讓那一年華納兄弟吃下 40 ～ 50％美國本土與全球票房。因為對忠實的電影迷而言，通常一週最多是看一部電影，首選自然是榜上「前幾名」的熱門大片。

而當你手中拿著這本書，我要謝謝你，也想問問，你為何會選擇這一本書？這一本書可能不是本世紀華語的大作（但無庸置疑是我掏心掏肺之作）。曾有調查顯示，近四分之三的讀者，在書店購買的都是「計畫之外的書」，

看中的是書架上位置最醒目的書，譬如暢銷書、主打書。

換位思考一下，當你是消費者、企業主，如果有第一，會想試試看第二、第三嗎？可能會，當選擇第一名的代價太高時（如金錢、時間），才會往後面的排序考量。但如果資源充足，以廣告贊助、置入性行銷來說，考慮效果及說服成本，往往只有最尖端的 IP 才會獲得青睞；中段班以後的，便可能湮沒於專業人士的茫茫大海裡。接下來的文字，我們會進一步談談「定位」拿下第一之必要。

陷阱 3 **YouTuber 的誘惑**

第三個陷阱則是不少年輕人最新志願——YouTuber。2019 年，樂高（LEGO）委託哈里斯民調公司（Harris Poll）調查，在英國、美國合計三千名八至十二歲的孩童中，從太空人、音樂家、運動員、老師或 YouTuber 中，選擇未來最想從事的職業，顯示 30 ％孩子想當YouTuber，另有 26 ％孩子想當老師，23 ％想當運動員，

19％想當音樂家，至於太空人則只有 11％受訪的歐美小朋友選擇。

對於我這一輩的中壯年來說，很難想像，從當總統、當科學家，到今天，學子們想成為 YouTuber，甚至，不少想發光發熱的專業人士也考慮先從 YouTuber 切入，視其為敲門磚。

我曾經與經營 YouTuber 的娛樂經紀公司深談，發現不少厲害的 YouTuber 還真的是「瘋子」（這裡的瘋，並無貶意，而是充滿我的敬佩），不瘋魔，不成 YouTuber，他們在竄紅之前，並不知道自己能否成就一番天地，而是一直拍、一直剪，就是要讓愈多人看到自己愈好，也由於策略模糊，因此仰仗的就是一股熱情和運氣。

YouTuber 成功機率高嗎？前一年訂閱數前十大 YouTuber，隔年還剩幾個？一波波大洗牌，顯示出這一行的變動性，而一位 YouTuber 每月至少要創造一百萬的瀏覽量，YouTube 廣告給的收入才有 3～5 萬，從絢爛到宣告引退，就算只是一時休息，都顯示這一份工作的壓力。

再者，由於目前閱聽人習慣免費觀看視訊短片，要從

免費的 YouTuber 轉型為讓人掏錢的 IP，販售知識產權，更是要扭轉消費習慣，也難上加難；YouTuber 的知名度往往只能轉為號召性的廣告代言，仔細檢視其專業、收看人流的組成，價值可能有待商榷。

這三個陷阱對於專業人士而言，是假面的祝福，如何讓人對你擁有的知識產權（IP）買單，進而擴大自身的影響力？本書將會是一趟旅程，我會與你一步步自我檢視，再擦亮 IP，引爆自己的內在專業，現在就一起出發吧！

社群定位，
自我評估四面向

　　「你排行老幾？」用這句話當開場白，顯得有些失禮而粗俗，卻不失為單刀直入的品牌叩問。戳破長尾效應在 IP 界的泡影後，一群專業人士中，顧客對你的「心占率[1]」是第一、第二、第三，抑或是壓根兒沒想到你？這是格外殘酷的問題。

　　一個人在一天之中，接受媒體訊息超過一萬則，而一間超大型超市，陳列的商品超過五萬種，一家連鎖便利商店的商品也有兩千多種。試想，販售專業知識的市場，跟你同樣專業的「產品」多不勝數。競爭激烈的市場中，當供給大於需求，消費者選擇太多的時候，消費者真能記得住的品牌，一個品類最多只有前三名。

　　也因著消費者的心智容量非常有限，「市場定位」始

祖屈特的《定位》一書中就指出：「定位」對一家企業的品牌極為重要，關係到推出的產品，是否能讓消費者對其品牌深植人心，在目標客群中成為第一的心智位置，這遠比任何促銷活動來得更重要、更有價值。

倘若第一品牌已難撼動，後來加入的競爭者，不是仿效第一，就是該刻意跟第一去比較。因為顧客心智中早已存在的認知，事實上不會被輕易撼動。

以人來舉例，似乎有點冒犯，我想此處還是以「真正的商品」來闡述這樣的概念：我長年在各大企業演講、授課或做顧問，感受到台灣對於「品牌」長期投資甚少或投入度不夠，導致顧客對「品牌」的忠誠度不高。以冷氣來講，日立、大金、國際牌這三大外商品牌長年各據山頭，

1　「心占率」是談及某特定產品時，該品牌「被提到的比例」，以手搖飲品牌的網路心占率為例，倘若一則報導出來，可觀測網友留言，統計每位網友提及自己擁戴的手搖飲品牌，進而算出單一品牌占整體討論的出現比例，這就是品牌心占率。

合計瓜分 80％以上台灣市場，本土品牌如：奇美、聲寶、歌林、大同，只能在剩餘的 20％市場上廝殺。

由此可見，讓你的品牌占領顧客心智第一的位置有多麼重要。若非第一，也要想辦法成為某一個重要心智位置的「唯一」，否則讓顧客模糊不清楚的品牌定位，往往會沉沒在無人聞問的角落。

該如何做好品牌定位？回到個人身上，我想可細分為四個面向，分別是：專業、痛點、興趣、連結──其中，專業、痛點此二面向堪稱必備；興趣、連結此二面向則是加分。如果你可以清楚衡量以下四個面向，為自己打個分數，便能掌握自己在社群的定位。

專業：要進入這門知識，你最強

該如何在同品類中，讓顧客第一個就想到你？首先，必須先定義你要鎖定的主要目標客群。記住，不是從自身的產品找到定位；反之，你必須先從顧客心智中，去探詢未被滿足的「痛點」所在。

你的定位屬性哪一種？

專業40%

知道這個行業一定要找你

痛點20%

知道你幫助顧客什麼

興趣20%

知道可以跟你聊什麼

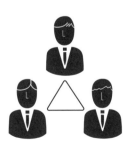

連結20%

成為令人想結交的人

　　我的建議是：在目標顧客群裡先捨棄一些客群，聚焦在看似狹窄，卻有成長空間的目標市場，才能真正擬訂一個精準的品牌定位聲明──你必須重新劃分市場，細分目標受眾，這絕對有助於資源稀少的你，快速找到切入顧客心智所在，成為該市場的第一霸主。

　　我合作過的客戶中，最知名的品牌定位成功案例之一堪稱全球最大消費品公司 P&G 寶僑。該品牌奉《定位》一書為聖經，也落實在產品當中。以洗髮乳來說，台灣人熟知的品牌包括沙龍美髮（沙宣）、修護髮質（潘婷）、洗潤合一（飛柔）、去頭皮屑（海倫仙度絲）、追求天然（草本精華）等五種目標市場，都是 P&G 寶僑的傑作。

　　這便是品牌的成功，打廣告打到人人記得。當你走進超級市場、選購洗髮精時，不用上網搜尋，就知道品牌的訴求、特色，一旦有相關需求，該品牌自然成了消費者的第一選擇。

　　市場的本質正是混亂，消費者根本無法辨別，要消費者「嘗鮮」並不容易，他們喜歡在「風險區間」裡消費（愈昂貴的東西愈是如此），一旦消費者自動而慣性地直

接從架上取下這個品牌，便是成功的定位。

在競爭激烈的洗髮品類市場中，再做精細的市場切割，以便找到攻占顧客心智第一的最佳位置。每一個洗髮品的品牌所傳遞給顧客的訊息，看似簡單明瞭，卻把顧客界線劃分明確，如此才能真正擄獲顧客心智。

每一名顧客都無法負荷太複雜或過多的訊息，保持簡明、深刻且一致的品牌定位，你必須懂得從市場目標顧客中找答案，而非自己創造。

面向 2 痛點：如何解決顧客心中的痛點

如果你手上有一樣產品，銷售不佳或做了很多行銷仍然遲遲未見起色，以下三個問題可以幫助你找到清楚的產品定位：

① **強而有力的痛點**：先問，你的產品可以為顧客「解決」什麼問題？帶給顧客什麼「進步」？

② **一個明確訴求**：再問，如果只能給顧客一個買你的理由，可否用一句話說清楚講明白？

③ **是否輕易被取代**：最後，是否明白跟對手之間的差距？這個差距對顧客來說重要嗎？然後有「幾倍差距」決定你是否容易被取代？

這三招非常管用，我建議你可試著「寫下答案」，而且不止思考一次。每一週，都可以重新再想一次，反覆思考、修正答案，直到你可以說服自己，也可以讓第一次接觸產品的顧客明白為止。那麼，你的「產品定位」肯定清楚，而且不會太差。

 興趣：硬底子專業之外，軟實力是 plus

前面雖然提及要小心「假斜槓的毒藥」，然而「真斜槓」卻是你強化定位的不二法門。簡單來說，真斜槓是根據「自身優勢」與「愛好」發展多種領域，並可能獲得多重收入。「真斜槓」不是一蹴可幾，必須審慎規劃、全心

投入、自我投資。《斜槓青年》一書，總結了下列五種發展成斜槓青年的策略：

① **穩定收入＋興趣愛好組合**：例如「醫師／品酒師」，品紅酒，不足以養活自己，卻是一種興趣愛好，有額外收入，但不影響「醫師」本職。

② **左腦＋右腦組合**：例如「工程師／繪畫老師」，理性與藝術，看起來不同，但可能會創造更開闊的斜槓青年職涯組合。

③ **大腦＋身體組合**：例如「營養顧問師／專業健身教練」，從知識腦力，發展出體力勞動的職業。

④ **寫作＋教學＋演講＋顧問組合**：例如「謝文憲（憲哥）」，寫作、教學、演講、教練通通一把罩。

⑤ **一項工作多項職能型**：例如「我自己（公司創辦人）」，雖僅有一種職業，但得具備全方位能力，並涉及不同領域，我的斜槓包含了「企業家、教學、寫作、直播說書、顧問」。

真正的斜槓青年可被視為一種全新的人生理念和個人發展策略。它強調的是人生多面向的平衡，以及個體潛能的探索。在強核心之下，加入了軟實力，為你跨界融合出更多元的定位。例如：一個懂營養學的專業健身教練，就成了你身上超越同行的獨家標籤。看到這邊，不妨盤點一下，自己身上有什麼興趣，能和專業結合呢？

連結：透過強樞紐牽線，找到對的人

我周圍不乏我認為的成功人士！他們在其領域上，不僅有專業，且有巨大的影響力，更具體地說是「連結」。

這樣的連結是「給予」，不求回報地給予，得到更多。一有機會，就無私給予，像是提攜後進；更厲害的，幫助志同道合者，創造機會，扮演中間人牽線。

這樣的連結也是「物以類聚」，厲害的人在一起，變得更厲害了！他們的朋友圈廣泛，但緊密交織在一起的，總不乏厲害的高手。這種相知相惜，就像遇到知己或良師益友般，不一定要經常接觸，但是一碰面就會有聊不完的

話題。

不知道何時開始，人們喜歡把認識很多人掛在嘴邊，賣力地塑造自己交友廣泛的形象。「朋友多」似乎在社交網絡時代，標示著自己混得還不錯。當一個人認識愈多朋友，常跟厲害的朋友合影上傳社交平台，似乎說明了自己在其專業領域堪稱「成功」。事實上，真相可能恰好相反，而這也造成了一種偏見，甚至誤解人脈的真正意義，以及一個人是否真的有足夠能耐與強大的能力。

以下三種方法，將幫助你認清一位朋友靠不靠譜？有沒有能力？人脈與能力是否匹配？讓你一眼看穿：「一心搞人脈，但不靠譜」和「人脈與能力匹配，而且靠譜」兩種人，虛與實，真正差別在哪裡？

① 能力：能力是 1，人脈是後面的 0

有段話把人脈這件事，形容得很貼切：「沒有能力的人，經常會從厲害的人身上借力，因為他們不想辛苦地爬樓梯，只想坐著電梯扶搖直上，瘋狂追求成功的捷徑。」反之，真正靠譜的人都有一個前提條件，就是都會先把自

己「能力」打底好，底氣愈好，結交的人脈才能發揮「一加一大於二」的效果。否則，你會發現有一種人，人脈結交面很廣，但業務能力很「水」，人品也不靠譜，要他出手時，又是一個拿不出手的朋友。

　　這時你可能會問，那「能力」是什麼呢？是才華、資源、學歷、抬頭……？我打滾職場十多年，認識很多貴人也誤信不少人，跌跌撞撞之後，發現「能力」就是一種「讓他人非常放心、信任，而若允諾的事，一定說到做到，被託付的事，常能使命必達」。

　　由此可知，第一個可以辨識周遭朋友，人脈與能力是否相匹配的判斷方式，就是在過往「交付給他的事」是否靠譜？還是能力平庸，沒什麼亮眼表現，即便他認識的人再多，也沒什麼太多意義。

② 戰績：有無亮眼的戰績，有足夠可信之人背書

　　當你在商場、職場打滾幾年後，若可以展露出的亮眼戰績、傑出作品被業界高度認可，高質量、有效的人脈將會不請自來，厲害的人自然會想找你。

　　相反的，有一種人需要花費很多時間，透過飯局、社交活動，試圖讓人努力了解他，這種人社交成本是高的。而且，當真正厲害的人要跟他合作時，他又很難拿出實力來。依然是透過拉人脈，掩飾自身能力淺薄的問題，最終用得動的，只是把互相認識的人拉在一起，實則難以發揮極大效益！一陣子之後，你自然會明白，他只是認識幾個厲害的傢伙。你找合作對象時，不妨利用 Google、共同認識的可信任朋友，去了解此人是很會說，但實際上是空包彈；或者他是身經百戰、值得交付的實力派朋友。

③ 口碑：勇於承諾、能扛得住責任、高口碑評價

　　成熟的人，能理解社交本質存在著互惠、不計較的關係；而成熟又當責的人，更能創造與他人共贏，不為己私，不做利己損人的事。

　　我遇過一種主管，慣性把功勞歸於己，把過錯推給下屬。久了你會發現，他只是一個感覺能幹，其實無法帶兵打仗、難成大事的人。

　　我也遇過真正厲害的朋友，跟他合作，他會先想：如

何共贏、把餅做大，更重要的是，與他合作，他勇於承諾又能扛得住大責。哪怕過程中有失敗、挫折，他從不耗費心力在勾心鬥角上，反而著眼於大局，刻意練習、快速優化，好使頹勢反敗為勝。即便最終結果不如預期，也從不看他忙著掩飾自己過錯，而是深切地從一時的失敗中，找到更強韌與更好的自己。

當你成為他人值得結交的人脈，也能吸引到對的人往你靠近。你想要圈的粉，便會在強大的人脈效應下，一個圈一個，圈出強大的能量。

圈粉練習 **1** 社群定位評估練習

　　總結以上四大面向，本書設計了一個表格提供大家自我評估。希望透過這些評估，讓你在思考與自我辨證中，釐清社群定位。不見得要合乎每一個面向，但抓出自己最強的優勢，便是定位的開始。

▶▶ 如何建立你的「專業」？

分析① 所處的市場狀況如何？
ex. 美食料理的影音頻道。

🖊

分析② 描述目標受眾
ex. 22～35 歲的獨居租屋族、女性居多。

✎

分析③ 用一句話說明你的無可取代
ex. 身材最 fit 的營養師。

✎

▶▶ 如何找到顧客的「痛點」？

分析① 強而有力的痛點
ex. 獨自租屋太依賴外食，伙食費高又吃得不健康。

分析② 一個明確訴求
ex. 傳遞小資族健康料理的祕訣。

分析③ 是否輕易被取代
ex. 專業性不足容易被取代，必須增加特色，例如低醣飲食的設計。

▶▶ 如何活用你的「興趣」？

┃分析① 穩定收入＋興趣愛好
┃ex. 料理＋攝影，拍出好看的美食照片。

┃分析② 理性＋感性
┃ex. 料理＋租屋族的網美 fu，讓人嚮往的生活態度。

┃分析③ 大腦＋身體
┃ex. 料理＋健身，以實際功效打中人心。

▶▶ 讓顧客想和你「連結」！

分析① 能力
ex. 掌控食材預算，如一週只花 500 元採買費。

✏️

分析② 亮眼戰績
ex. 連續半年都在家開伙，存下○○○○○元。

✏️

分析③ 口碑
ex. 周邊同事都讚嘆我每天的便當不一樣。

✏️

把錢花在行銷刀口上

聽到星巴克咖啡，你腦中閃過什麼念頭？可能是一天的開始，或是生活態度、甚至是身分象徵。

早在 11 世紀，人們就開始喝咖啡。千百年來，為何只有星巴克可以強勢崛起？這又跟《定位》有關，當你了解「心占率」的概念，是否疑惑，該放些怎樣的資訊，占領消費者的內心？在此，我要進一步談談《定位》這本書，一本改變了美國，乃至全世界行銷觀念的書，建議你有空可以去找來讀一讀。

前陣子，與世界棋王周俊勳因緣際會對談，我才了解，一群下圍棋的人，只有前三名的人，有機會透過努力比賽達到百萬年薪，那該是多大的犧牲啊？因此，很多人在孩提時代願意學圍棋，但一步入升學考試階段，便放棄了。畢竟，再有圍棋天分，在台灣也是崎嶇之路，這也顯

見第一的可貴與難得——你我不用爭當棋王，但要為自己設定一個明確的目標，就是拿下自己專長領域的「第一名」。

第一，有很多層次。

論及個人品牌 IP 的時候，首先拋出的問題應該是「品牌定位」：別人對你的第一印象是什麼？你的專業，給別人的第一個關鍵字是什麼？要釐清定位，就必須先回答這些問題。

以產品舉例，當你想換新手機，第一名的選擇會是誰？iPhone、三星還是其他品牌？資訊極端爆炸，以品牌定位擄獲消費者的心房既難，也重要。為什麼蘋果股價亮眼？它手機的效能不見得是最強，品牌價值卻有一群「果粉」，光那一顆蘋果標誌貼上去，消費者就買單。

再把歷史往前推一點，汽水之爭，也是「定位」運用的經典教案：二次大戰以後，美國文化席捲全球，從好萊塢電影到速食餐廳崛起，其中，可口可樂堪稱重要符號代表。面對老少咸宜、深入家家戶戶的可口可樂，百事可樂

鎖定年輕族群，定調年輕、夠屌，迅速贊助美國超級盃，讓自己的品牌曝光。緊接著，七喜也跳出來，面對兩個老大哥，自我定位為「非可樂」，簡單明白，從而自壟斷的局面中突圍。

　　搶占顧客心中的第一定位，在各行各業都適用。你要記得，拿自己的長處和別人短處去競爭，不要本末倒置。不少人自己定位沒做好、不清楚，就想著不斷跨界，最終沒人記得你，也難以成為顧客心中的第一首選。

　　若是在料理界，可能聯想、搜尋到的第一標籤就會是《帥哥廚師到我家》的柯提斯‧史東（Curtis Stone）、英國明星主廚傑米‧奧利佛（Jamie Oliver）、日本庶民美食主廚的 MASA 山下勝、料理旅遊達人的索艾克。無論是我教過的房仲業、汽車業、直銷、保險、美容產業、網路開店業者等，我都一再告訴他們，成為該行業顧客心中的第一有多麼重要！

　　各行各業的第一，都是不厭其煩、一有機會就說自己的故事，好讓自己的第一標籤深植顧客腦海，這是品牌慣

用的銷售洗腦做法。透過不斷喚起顧客心中第一，讓顧客要買該品類產品時，立即想起第一標籤是誰，一旦成為顧客的膝反射（直覺反應），那你就成功了！

你可以怎麼做？請先確立你的第一標籤有哪幾組關鍵字。透過社群將標籤結合傲人的戰績（各種輝煌的經歷、里程碑、成績單）、專業（如專業證照）、背書（權威人士推薦）、承諾（各種強而有力的保證）、故事（媒體報導或打動人心的故事）。因為不斷連結與出現，才能讓你的第一標籤曝光、滲透極大化，好讓目標顧客群全部都記得你。不要只出現在顧客面前一次，要高頻率地以不同內容、角度曝光，才能真正將「個人品牌」深植人心。

▌下廣告的三個迷思

在「第一心智」的定位理論中，花錢買「廣告」確實有用，那是壓縮時間的好策略。不可諱言，每一個我打磨的專業人士在推出線上課程時，我會花費不少預算在廣告上，爭取他上位，占領消費者的第一心智。

　　這背後涉及了資源配置的思考，要不花時間，不然就是花一定的預算爭取心占率。當消費者的基本需求被滿足，生活水平也提高後，就會想追求好產品，這是人的天性。例如，主打「品牌」電商的賣家企業，也分別從不同的角度切入搶市，從國外紅回台灣的有之，像是 TTM 提提研；或者開發出「紅豆水」這個市場新品的易珈生技，痛點琢磨夠深，又不斷研發新品，便可站穩市場。

　　然而，對於多數專業人士，不見得有這樣的毅力和時間，因此，透過廣告的投資，可以加速顧客對你的認識、引起興趣，最終購買你的產品；但還是要當心落入以下三個下廣告的迷思：

① 別一心想著「精準投放」

　　別浪費廣告資源吧？我們總是想著用最少的廣告支出，換取最大的營收產值。但這概念天知地知你知我知，競爭對手更知道，糟糕的是，只要「流量」一變貴、調漲、加入戰局者多（例如臉書廣告演算法改變、LINE@要收費、Google 廣告也不如之前投資報酬率那樣高），原本

的廣告投資報酬率只要下降 20％，就可能讓你賠錢。

　　臉書廣告便是不少社群經營者的痛，二、三年前，購買成本低，那就是紅利，投入一塊錢臉書廣告，可以爭取十塊錢的營收；如今，能換到三塊錢就算是不錯的操作了──千萬不要看網路一時的紅利，那會讓你錯估情勢。

　　因此，投放廣告雖然要精準，但還是要規劃部分預算做測試，為了擴大客群，適度提高廣告成本更是必要。或許，十萬元廣告費可以換取五十萬營收訂單，二十萬廣告費只能有七十萬營收訂單，投資報酬率雖然遞減，卻可能贏得新市場、新顧客。長期而言，會比對手更邁進一步，中期來說，可以拓展出潛在顧客，短期而言，也許失去了部分利潤，卻換來更多成交顧客，擴大了總體會員數。

　　對於個人經營品牌也一樣。每一筆投資，無論是在廣告、時間、精力上，都不一定會帶來等值的實際回饋；但只要清楚自身的品牌有短期、中期、長期不同階段發展意義，只要能推升品牌價值與顧客的心占率，那有些看似「浪費的投資」，依然有其必要性。

② 試著拿回「流量主導權」

每個人都渴望「流量」，也就是不用宣傳，客人就自己上門。靠臉書、靠 LINE、靠 Google 終究是受制於人，創建自己的「流量池」，整合線下與線上，讓自己具備「自帶流量」的本事，以及「人拉人」的能力，如此才有機會取得最終的金流。

切記，身為 IP，「買精準流量」不見得能取得勝利，唯有想辦法打造各種跟目標族群的「接觸機會」，知識與溫度兼備，讓知識轉換成流量再變現，才能真正讓 IP 成為金礦。

③ 培養忠誠顧客成「鐵粉」

一般人大多在意新客戶，較少對老客戶做行銷，但是事實上，培養一個忠實鐵粉所得到的效益，遠比花更多行銷精力在全新顧客上來得更高。許多研究都證實，開發一位新顧客所需的成本是維護既有顧客的四至十倍，而維持顧客的忠誠度又能為公司提高 25～85％的利潤。因此，為鐵粉提供更優質的忠誠度計畫，抓住老顧客的心，才是

可長可久的經營法則。

▌ 花對錢，可以壓縮時間

我們正從「注意力經濟[2]」開始轉向充滿人格魅力的「影響力經濟[3]」的時代！

如何極大化自身專業的影響力？針對廣告策略和自己渴望販售的「專業」，在象限圖中畫出自己的位置吧。

① 第一象限（A）贏者全拿

也就是願意狠下廣告的明星級產品，舉知名品牌為

---

2 注意力是一種資源，而對個人來說，注意力是有限的！在《注意力經濟》一書中，對「注意力經濟」的解釋為：注意力是一種精神上的參與，並且專注於一些特定的事物訊息；而這些事物進入到人的意識裡，當人們再次注意到這類特定的物體時，才會決定是否採取對策。

3 將看不見卻真實存在的影響力，化為商業價值，在影響力經濟的時代，只獲得注意力並不夠，還需要「目標受眾持續不斷的凝聚力」，才能形成影響力。由注意力經濟到影響力經濟，需要兩個重要因素：一是凝聚目標受眾，二是讓這群人持續注意。

例，譬如麥當勞、可口可樂。為的就是要穩固知識產品在顧客的第一心智，反覆溝通自己的核心專業，讓受眾把「選擇自己」視為一種連結，甚至是一種習慣。

在企業內部訓練的市場中，只有「第一高手」最有可能獲得推薦，這背後除了來自高手的實力，對於負責訓練的企業人資來說，同業都在找，風險自然比較低；對於老闆而言，既然要花錢訓練員工，自然要請最好的講師。

不同行業的薪酬同樣也是贏者全拿的局面。例如頂尖的 APP 工程師月薪高達二十～三十萬，比起多數 APP 工程師在五～十萬之間，有一大段差距。再如，會計師、律師，乃至於名人或明星指定的美髮師、化妝師、美甲師，都比同行的薪資高出三～五倍。

② 第二象限（C）「後起之秀」

知識產品素質好，隨時可以往第一象限（A）挺進，短期內，先把小眾耕耘好，伺機而起，不少創業者就是這樣，把小眾市場慢慢養大，這樣的後起之秀就是值得花錢砸廣告、壓縮時間的人，一步步爬上屬於自己的巔峰。

找到自己的產品位置

自我專業第一
（定位明確）

強

C
後起之秀
搶占利基市場
（深耕小眾，適時擴大市場）

A
贏者全拿
維持市場領先者地位
（穩固顧客第一心占率）

廣告預算
（注意力）

低 ——————————————— **高**

D
被淘汰者
自我專業與市場無法匹配，
須全盤檢討再出發

B
危險問題者
應縮減廣告，將預算投資在專業上
（重新聚焦在專業上，積極提升）

弱

　　而 A 與 C 之間可以如何畫出一條線呢？其實，以知識傳授來說，講師界薪酬落差甚大，第一等級講師（A）年薪上看千萬元之譜；第二等級則年收入落在三百萬～五百萬之間；第三等級則年賺約百萬元，二者都可算是後起之秀，可以慢慢打磨、發光；至於百萬元以下，則難以被視為知識 IP。

③ 第三象限（D）「被淘汰者」

　　產品不佳，也不願花錢驗證市場，此處就不贅述。

④ 第四象限（B）「危險問題者」

　　這群人誤以為「花大錢就能解決問題」，殊不知應該縮編預算，聚焦產品問題，積極強化自己的專業知識。

　　以線上付費知識來說，贏家（A）就是好好穩住自己的品牌地位，而知識工作者，（C）往（A）走，（B）（D）盡力往（C）走，抓出自己的「第一定位」之後，輪廓應該清楚而單純，不應該輕易擺盪，甚至讓自己的面目變得模糊。

以付費知識為例

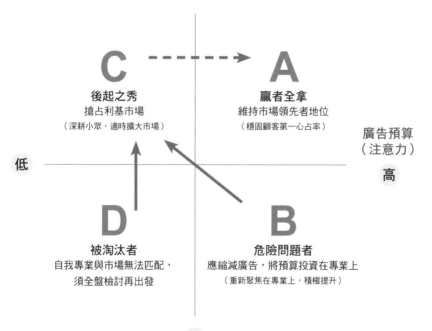

自我專業第一
（定位明確）

強

C - - - - → **A**

後起之秀　　　　　　　**贏者全拿**
搶占利基市場　　　　　維持市場領先者地位
（深耕小眾，適時擴大市場）　（穩固顧客第一心占率）

廣告預算
（注意力）

低　　　　　　　　　　　　　　　　　　　　**高**

D　　　　　　　　　**B**

被淘汰者　　　　　　　　　**危險問題者**
自我專業與市場無法匹配，　　應縮減廣告，將預算投資在專業上
須全盤檢討再出發　　　　（重新聚焦在專業上，積極提升）

弱

六方法教你：
小錢做市調，找到顧客真痛點！

花大錢研發新產品，最後卻發現不對消費者胃口，問題出在哪裡？

問題在於，產品有沒有真正地打到消費者的痛點！在商業上，痛點是一切產品的基礎，知道痛點才會提出解決辦法，最後才可能出現創新的產品。

先釐清一件事情，市調的目的並不是「迎合」顧客，而是「發現」顧客深層的需求。很多時候，廠商做完市調後，了解顧客喜歡什麼、就給顧客什麼，但實際上，廠商應該是透過市調，發現顧客「渴望的解決方案」。

市調很重要，但對於一個剛起步的企業來說，市調是不是一定花時間又花心力呢？以下提供六種方法，幫助你花小錢，又找到顧客的痛點！

方法 1 實地體驗對手產品

　　與其做攔人詢問對產品看法的傳統市調，不如請路人談談購買的原因，甚至直接聊聊對手，更容易達到調查的目的。

　　之所以會說談論對手，是因為曾有鳳梨酥伴手禮的老闆找我去試吃不同品牌的鳳梨酥，同時盲測。我發現其中兩盤特別好吃，結果公布後，發現儘管兩家鳳梨酥口味都很好，價錢卻有不小的差異，證明了不單是產品的問題，包裝還有其他行銷方式都對定價產生影響。這個經驗告訴我，實地體驗對手產品或服務，比起其他方式，更能找出自己的盲點。

　　假設你經營服飾網拍事業，你就該去了解對手是怎麼做的，可以去 Lativ 實際採購一次，透過真實消費的過程，站在消費者的角度觀察 Lativ 是如何規劃線上購物流程，看看幾個步驟可以完成訂購，找出是不是還有優化的空間。

除了訂購以外，也應該試試退貨，了解對手的「逆向
物流[4]」如何進行，退貨流程是否方便易懂？退貨機制是
否完善？這些都是值得注意的地方。有了這些經驗，當你
去賣衣服時才能更理解完整的服務情境跟流程，在比較過
業界的平均水準後，知道自己的弱點並且改進。

 ### 從「網路評價」抓出顧客在意的痛點

有時候，傳統市調需要花費較多心思設計、收集資
料，但在網路的世代，不見得要透過一對一的訪談，因為
觀察網路上對於相同競爭市場中對手的評價，可以從中抓
出顧客在意的事。

從 Google、臉書評價，可以看出內容包羅萬象，可
能是出餐時間太長、餐點不合口味、衛生環境需要改進
等。審視這些評論，找到出現多次的問題，這些評價隱藏
著消費者真正在意的問題，你要做的就是從中「抓出」真
正的痛點。在網路上多方採集評價，完整收集顧客想法，
你會更快找出顧客的痛點。

跨行學習，從他人優點中借鏡

你也許不是賣衣服的，但是可以從服飾行業學習網路購物流程的設計。我很建議每一位專業工作者，常做跨行學習，向其他行業借鏡，學習他人的優點以提升自己行業的競爭力。例如：教育行業可以跟影音串流、訂閱經濟學習，或許會找到新的可能；服務業可以多去五星級飯店、米其林餐廳親身體驗，自會找到值得學習的待客之道。假使你是販售高價格課程，兩天的實體課程要價六萬台幣，則可以多觀察時尚精品、高檔俱樂部、頂級商務艙、信用卡黑卡的會員服務，從他們的優點、實際服務的方法，洞察可萃取的致勝之道。

4　簡單說，就是消費者退貨。過去，在實體店面退貨，店家只需承擔新品售出後的些許折舊；然而線上購物的「逆向物流」就沒那麼簡單，當電商消費者不滿意收到的物品，便會耗費不少人力（如快遞、客服人員等）和經費（運輸、倉儲、處理費），而且，「逆向物流」是非常規業務，不僅會對企業帶來負面影響，消費者也同樣承擔時間等的成本消耗。

　　我長年對「鑽石級」直銷商授課，近年來，我要他們去觀察知名網紅如何經營線上社群；美容業者則要求他們去追蹤彩妝達人、美容教主，觀察這些人如何經營個人IG？每一次的跨行學習，都是打破與碰撞舊有認知和思維框架。

 線上問卷，從社群用戶了解

　　利用臉書行銷的模式愈來愈盛行，臉書的廣告也不斷調整，愈區分愈詳細。現在甚至可以鎖定「曾經與粉專互動過」的受眾下廣告，結合臉書與 FB 廣告內建表單，可以更深入掌握目標族群的興趣與喜好。更進階的做法是，除了邀請受眾填寫表單，還可以進一步讓填寫表單的目標族群，參加線下活動，面對面交流。

　　舉例來說，若銷售目標是二十萬人，我建議你可以先針對一百人做線上調查，再邀請其中二十位潛在顧客參加線下活動；若有必要，還可針對五位做深度訪問，釐清用戶真正的需求。

　　過去，利用電話跟街訪花時間又耗心力，現在透過網路，省去麻煩也提升效率；不過，有時電話一對一深度訪談還是很有效，我就常針對即將要推出的產品，做一對一電話深訪，藉此釐清目標客戶的需求是否跟我提供的解決方案一致，也從中了解目標客戶願意花多少錢買單。

 免費體驗調查

　　在每一次的銷售過程，都能從中觀察自己可以改進或進步的地方。若是剛起步的公司，還沒有那麼多的銷售量，提供顧客免費產品或服務也是可行的做法。

　　人氣伴手禮起士公爵就用過類似的手法──只要加入LINE@帳號，即送一份體驗乳酪蛋糕，造成的迴響比想像中更大，短短七、八天參加人數到達十二萬多人。「送體驗」是可以快速推廣的一個方法，但同時也是雙面刃，在起士公爵的例子裡，因為在短時間內湧入大量訂單，前端與後勤都沒準備好，最後無法在預期的時間內完成出貨，只好延長兌換時間。

　　所以在推出免費體驗時，一定要特別小心，你的目的是想要花小錢了解顧客對產品真實的需求，但免費體驗可能產生巨大的服務量，對於客服的負擔也會更重。

聰明的捷徑，找專業人士當顧問

　　也許你剛嘗試經營一家餐廳，對於餐飲業的生態與環境還不熟悉，為了節省時間與成本，可以找有成功經驗與失敗經驗的人當顧問，請他指點可能會遇到的問題，學習如何解決。透過前人的經驗，你不用真的經歷失敗，也可以從中升級，這就是聰明的捷徑。

　　若是從事彩妝業、美甲業、網路服飾業，也可以去探詢比你更懂、更厲害的高手，直接請他吃頓飯，當面請教。只要你準備充分，相信這頓飯的價值，絕對比你想的更多。當然，若請不到該行業的高手，就去上他們開的課程，或者邀請他們免費當半日顧客，這種投資會讓你少走很多冤枉路。

　　最後，再次提醒，產品應該要真正解決痛點，而不是把顧客想要的都加進去。舉個例子：你做了一款辣椒醬，為了迎合顧客口味加入某些配方，但你心裡清楚這個配方對顧客的身體不好，但顧客沒有意識到。因此，透過市調了解顧客後，你應該做的不是「迎合他們」，而是「引領」他們，讓他們愛上你，而且吃得健康。

把夢做大

　　你如果夠特別，就可以把夢做大一點。

　　這裡要說的「夢」，並非虛無縹緲。可以用商業模式的五個層次：使命、心態、系統、模式、事件來解構——梳理五個層次，就可以看出你想做小小的夢，還是大大的夢，這都很好；但我想，一個小問題，好好「小題大作」，而且有長期的承諾，讓人覺得是玩真的，即使被質疑，玩三年、五年，在堅持中調整形式，便有機會建構個人的品牌。

▌使命，支持你走下去

　　使命，是驅動「爆款」的重要引擎——我的使命，是發起閱讀運動。而我的另一位「神隊友」陳鳳馨，她在廣

播做了將近二十年說書，我拉她「一起做夢」之後，她啟動了線上影音，也為她推開一扇又一扇企業演講的大門，共同使命，是我們並肩同行的起跑點。

談談商業模式的五個層次：使命、心態、系統、模式、事件，一切的源頭，來自於「使命」。不少國際品牌，都有令人崇敬的使命——不作惡（Don't Be Evil）是Google最知名的使命之一。Google自2000年起將「不作惡」確立為公司的行為準則，也成為Google品牌形象的一部分，2015年Google重組，成立母公司Alphabet後，Alphabet則將行為準則改成了「做正確的事」（do the right thing），Google則保留了不作惡。這句話在Google公司內部深植人心，甚至成為了總部所在地加州山景城（Mountain View）員工班車的Wi-Fi密碼。

但是在2018年5月4日更新的資料中，不作惡已經從Google行為準則中刪除。在整份行為準則的相關資料中，只保留不作惡於最後，如同一個非官方的公司內部格言，顯然Google將「不作惡」這一標準放到了不那麼顯眼的地方——可見使命，也可能基於種種原因出現質變。

再舉幾個例子，讓人們快樂（Make people happy）是迪士尼的使命；「加速全球轉向永續能源的發展」則是電動車大廠特斯拉（Tesla）的使命；我在做「大大學院」，使命是幫助職場人士終身學習，並養成閱讀習慣；你若是投身服飾業，使命也許可以是「讓人變美」的風格事業；若是販賣保健產品，使命可以設定為「讓人活出健康」的幸福事業。試著將你個人工作、事業，提升更高的層次，召喚出你人生的使命與價值。

┃ 讓夢想成真的五個思考

審視使命、心態、系統、模式、事件這五個層次，以下我將以「如何辦好一個讀書會？」來說明，你也可以循此模式來思考自我品牌的建立。

① 使命：確認使命，方能長久

如果舉辦一個讀書會帶有「共同的使命」，將會更容易吸引志同道合者加入，也有助於凝聚成員一起堅持實現

共同願景。例如：多年前，我成立「商戰經理人讀書會」就立下一個願景「打造一個經理人的讀書會，以書會友、跨界交流平台，養成台灣一百萬人閱讀習慣」。現在這個大使命持續支撐我們走下去，2019 年更是吸引了七百位企業家、經理人，分別在全台各地組成讀書會。

② 心態：志同道合，三個必要的共識

　　一個讀書會是否能長期運作下去，首要得確立加入讀書會的成員「動機為何」、「心態為何」、「會往哪去」。因此，如果成員彼此間的動機不一樣，以及想要取得的，和方向不一致，讀書會遲早會走不下去。最常見的，就是有些成員不是來讀書，而是來認識朋友；有些只想讀好書，結交朋友不是他的重點。記得，在起步階段，要花點時間讓成員彼此「互相認識」，更重要的是確立成員的「動機」（一開始加入的原因）、「心態」（參與積極度）與「共同願景」（一致的信念）這三點，充分討論，達到一定共識後，讀書會再正式展開，運作才能長久。

③ 系統：篩選成員、訂立規則

讀書會的成員需要篩選嗎？依據我們舉辦上百場讀書會的經驗，「適當的限定條件」做篩選是必要的，但也要「避免成員同質性太高」，容易導致觀點單一、火花太少。例如：可限定職場工作經驗至少滿五年以上、有主管經驗、不同專業領域者。設立讀書會基本篩選條件，就像報考企管碩士在職專班（EMBA），讓交流時，彼此能有一定的投入與產出的品質！當然，訂立「讀書會招募成員條件」的遊戲規則必須在一開始招募前，說清楚立意，並且嚴格執行。

另外，制定遊戲規則，信任關係才能建立。有些人參加讀書會，重點只在交朋友，交朋友確實很重要，但又怕會干擾讀書會學習。因此，一開始就要講清楚規則，譬如兩小時的讀書會，前三十分鐘是交流時間，接下來一小時三十要圍繞在「書本」上討論，每一次讀書會幾點準時開始，最晚幾點結束……清楚的規章可確保運作品質，也有助於成員只要認真參與，就能有豐富的收穫。

④ **模式：導讀、融入、提問、時間管理、筆記**

　　讀書會成員不一定每位都看完書、理解的深淺程度可能也不同，透過以下幾個模式，可以提高讀書會的效率：

a. **導讀**：為了幫助每位成員的互動討論，可試著製作「簡報」來引導過程進行，或者，如果選定的書籍有不超過十分鐘合適的「短影片」作為你的導讀引言，可增加參與成員共鳴、記憶和參與。

b. **避免一言堂**：要讓每個人都可以發表自己的意見，讀書會的主持人扮演著關鍵角色，要做的不是說最多，而是傾聽、引導與會者能融入其中。要小心，讀書會不是辯論會，而是透過一本書，讓不同人用不同閱讀視角，相互激盪學習。

c. **提問**：閱讀時當然可以自己讀，之所以要聚在一起開讀書會，就是希望能彼此敞開心胸學習，透過「提問」激盪出群眾的智慧。因此，負責帶領讀書會的人必須穿針引線，引導提問，甚至以遊戲的方式來進行，最終目的都是為了讓讀書會的學習效果倍增。

d. 主持人的掌控：常見到有人欲罷不能，占用讀書會大半時間，這就很考驗主持人功力，適時在一個段落後，引導不同成員發言，不至於超時太多或離題太遠。

e. 分享：可以安排成員輪流擔任「讀書會筆記」，分享給成員，成員主動給予反饋，哪怕是一句鼓勵、讚美的話都好，都會讓讀書會筆記成為相互反饋的模式。

⑤ 事件：建立連結事件，讓成員更加投入

讀書會是聚集一群不同的人，共同學習的部落！你難免會遇到，有些成員臨時有事無法出席、有成員要花較多時間才能融入群體、有成員可能不習慣發言，成員之間的經歷、背景、程度也有差異等。如果能多建立一些好的「連結事件」，將有助於成員更快融入，也可培養出成員自發性互助、主動分擔不同的角色。

建立好的連結事件，可讓讀書會運作起來更輕鬆、氛圍更好，成員之間的關係也將更緊密。例如：

- 臨時無法出席的成員,組長可主動傳訊息問候,適當地表達成員們希望下次他的參與。
- 導讀的三人可提早準備,先約出來面對面討論,有助於三人培養彼此默契、關係連結更緊密。
- 偶爾安排額外小活動或主題聚會,例如:品酒會、產業體驗、工作經驗分享等。

試著建立「好的連結」事件,無論是一對一或一對多,只要謹記以不打擾別人、不侵犯他人隱私、保持尊重、包容至上為前提,來做好每一次關係連結事件,將會大大幫助每一位成員更願意對讀書會付出,自然會讓參與這個讀書會的每一位成員收穫超乎預期。

看你的夢想是什麼?你想要打造的品牌是什麼模樣?不要空想,憑著真本事、結合神隊友,透過這五個層次的思考,便能放大你的夢想,往夢想成真的那一天前進。

品牌建立的五層次思考
（以設立讀書會為例）

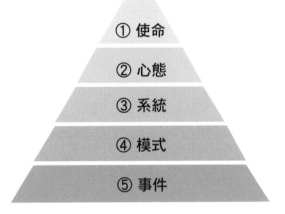

① 使命
② 心態
③ 系統
④ 模式
⑤ 事件

① 使命
01 建立共同願景，才能長久

② 心態
02 志同道合，三個必要的共識

③ 系統
03 篩選讀書會成員，是為了品質更好
04 制定遊戲規則，信任關係才能建立

④ 模式
05 導讀方式，怎樣做最好？
06 高參與感，讀書會成員才會有所收穫
07 提問互動，學習效果加倍增長
08 時間管理，考驗主持者領導力
09 讀書會筆記，主動分享與反饋

⑤ 事件
10 建立連結事件，成員更加投入

圈粉練習 2 放大夢想的五個思考

　　單看事件，你不過是小兵，領到薪餉，便可以上戰場；而懷抱使命，知道為何而戰，你就是將帥，可以進一步圈住粉絲。以下這個練習，可以試著填填看，讓你從「使命」出發，檢視每一個小行動（事件），是否一本初心？

▶▶「使命」為何？

想要去的地方、想成為的樣貌、想達到的目標
ex. 經理人的讀書會。

▶▶ 該建立的「心態」？

看待系統、模式和事件的態度或信仰
ex. 為了拓展人脈或是吸取更多知識、交換分享。

▶▶ 如何建立起「系統」？

讓模式能夠依照某一規則重複發生

ex. 依成員的程度，每個月討論一本書。

▶▶ 如何讓大家遵照「模式」？

重複發生的事件
ex. 調整讀書會的討論方式、流程、主持人的安排。

▶▶ 如何以「事件」連結人們？

一次性、突發的、非計畫的事情
ex. 安排聚會,增加成員的互動。

圈粉練習 ③ 你有一份「神隊友」清單嗎？

我在寫第一本書和第二本書的時候，一邊寫，一邊思考著：誰願意為我的書真心背書、推薦？他們是否與我書的內容和讀者群高度相關？他們能否真切地表達推薦原因？

他們正是我的「神隊友」。

「神隊友清單」對我有極大的價值，也是我快速取得信賴關係的捷徑，這些神隊友不僅認識你，也經常是在某一社交圈，擁有高度信賴感或具影響力的關鍵樞紐（Hub）！

寫書如此，社群經營亦然，要讓影響力快速擴大，可以兵分二路出發：粉絲裡面，有沒有神隊友，或者，能否讓更多神隊友成為你的粉絲？我經營社群時，粉絲包括了作家、心理學者，也有網路行銷高手，這些人都是我的神隊友。

他們之所以夠「神」，是因為在其所身處、專精的圈子，建構起強固的信任感，也能滲透人心。

然而，你可能會問，該如何有系統地建立起自己的「神隊友清單」？我想，有三種方式：第一、從經常互動的粉絲裡尋覓，有沒有人是特定圈子的意見領袖？我發現這股力量很大，若是能與他們維持比一般粉絲更密切的關係，甚至借力使力，往往有不錯的擴散效果，像是一起在社群上直播，

或是體驗彼此的產品。

　　第二、主動出擊。有些意見領袖在網路上非常有力量，我就認識不少會計、律師、醫師界的高手，他們平日工作繁重，卻時不時會針對我的臉書貼文按讚，我會主動去追蹤這些高手、關心他們，時間一拉長，當這些高手需要借助我網路行銷的經驗時，我們便有機會創造雙贏。

　　第三、標誌出「忠實超級用戶」。也許他們並不是意見領袖，卻是鐵粉，也是頭號留言、應援的人，這些人的推薦效果也很不錯，他們最願意推薦你，為你做好口碑傳播。

　　若有二十個社群圈的「神隊友」齊力為你站台，你就等於獲得二十位乘上背後連結的 N 個人的力量，這代表的是一股好幾個圈子集結起來的力量，當規劃一個個串起來時，就會形成一股巨大的勢力。說到這裡，現在就請寫下你的神隊友清單吧！如果你真的想跨出這一步，不妨直接跟你的「神隊友」相約見面，和他聊一聊你的神奇夢想。

▶▶ 想推出什麼產品？

┃ ex. 美甲服務。

▶▶ 找誰推薦？

┃ ex. 實際接受過服務的客人。

▶▶ 神隊友為何願意背書？

▋ ex. 我的美甲能力、服務態度。

🖉

▶▶ 神隊友有什麼價值和代表性？

▋ ex. 實際體驗過，可以說出我的好。

🖉

Step 2

鎖

讓粉黏住你

要攀上 IP 的頂峰，

最短路徑正是釐清自己的第一定位、

進而攻占消費者的心智，讓他們聽從內心渴望。

但，心占率畢竟不能當飯吃，

世俗地說，必須轉換為現金，

這應該是閱讀這本書的你，眼下最關心的。

從認識你到想見你

對於 IP，網路上投放廣告的成效好壞，影響因素很多，其中，消費者對個人品牌的認知程度強弱，扮演重要的角色——認知程度的強弱決定了消費者在接收到廣告之後，是否會產生購買行為！

消費者對個人品牌的商品認知程度，可分成一到三級。用簡單的例子來說，商品認知程度的建立過程，就像是尋覓另一半：

① **完全不認識**：引起消費者興趣，開始注意「你」這品牌
② **產生興趣**：建立消費者信任感，對「你」產生共鳴
③ **決定交往**：激勵消費者採取行動，去購買產品

很多人搞不清楚自己的「個人品牌」在哪一級，所以在投廣告時，往往拿捏不好力道——就像你不會跟完全不認識的陌生人說，趕快來跟我交往一樣，在建立消費者對產品的認知時也是一樣，要一步一步引導。

完全不認識：想辦法先引起興趣，注意到你

在完全不認識的階段，首重的就是讓受眾記得「個人品牌」。試想，在一個社交聚會上，你想要認識一位景仰、愛慕很久的人，要怎麼讓他認識你、甚至記得你？有些人會準備一個明瞭好記、帶點幽默的自我介紹，而事實上，讓人記得你也就是把握這三個原則：「簡單、意外、具體」。

試著建立屬於你的「記憶點」，也就是放大「你」個人品牌最強、比起其他人來得好的部分。具體來說，可以建立大量結合「特定場景」的關鍵字，讓目標消費者在查詢「關鍵字」（記憶點）時，很迅速地找到產品。

舉「小資理財教主」為例，當上班族在搜尋「理財」

時，一定有很多疑難雜症，但浩瀚股海，與其跟大師取經，可能會想找一位專家，可以更貼近自己、說自己聽得懂的語言──因此，當大眾搜尋「小資理財」時，能夠連結「你」這個個人品牌，甚至形塑出「小資理財教主」的口碑，那就是很棒的關鍵字。

結合記憶點與關鍵字，讓所有的記憶點都跟特定情境連結在一起，不論是買股票或是有理財目標，消費者就會想到「小資理財教主」。要注意的是，主打一個強項，而不是一堆，這樣才不會分散了消費者的注意力。

假設你的產品還未與關鍵字有連結，還有另一個方法──製造大量的相關內容，好引起注意！

產生興趣：讓用過的顧客分享，產生共鳴

當消費者開始認識產品之後，就要開始建立與消費者之間的信任關係。我推薦的最好做法是：讓很多顧客談論你！就像當女生覺得男生不錯時，常常會跟朋友一起討論一樣，當你的產品有很多人討論時，就容易拉近與消費者

之間的距離。

　　具體做法就是「讓用過的顧客分享」，當粉專一貼文，很多顧客的反饋：「我也想買」、「我也有買」等等時，就會激發本來有興趣、但還在猶豫的人，產生共鳴，提升購買的意願！

　　假若你是髮型設計師，可以徵詢忠實顧客擔任最佳代言人，在社群上分享你巧手前、後的照片，不僅可以讓該顧客的朋友看見，也可累積見證。如果三個月內有一百人為你做社群代言，你就可能吸引到二十位新客戶。

　　另外，我教過上百位頂尖企業業務員，鼓勵他們徵求車主同意，將交車那一刻的喜悅拍下，再記錄買車小故事，分享在社群上，這不僅可以讓更多人看見業務的專業、服務熱忱，也可激發潛在的客戶。

▎決定交往：激勵消費者採取行動，購買產品

　　就像是女生同時遇到兩個不錯的男生，各方面都很優秀，難以做抉擇時，你需要給她一個強而有力非你不可的

理由。同樣的，賣產品也是如此，最終要給消費者一個理由購買，可能是價格便宜、比起同類商品有更厲害的特色等等。

在這裡，我分享一些常見而有效的激勵點：投資長遠性（如終身保固、可以反覆觀看的線上好課）、售後服務完整、CP 值高。除了要強化產品的「記憶點」，讓消費者記得你以外，也要找到「激勵點」，鼓勵消費者行動。

廣告成效不是只有行銷問題，還要正確抓到消費者對產品的認知程度，一級又一級地讓認知程度升級，一旦消費者到達第三級「決定交往」，就要確保他真的會購買！

付費與超級用戶，
衡量品牌的核心

「影響力經濟」時代來臨，其中以「網紅」堪稱影響力經濟的代言人，牽動諸多產業的變革。一起回想你我生活的質變，是否有以下幾幅風景？

首先，在人手一機、社群當道的時代，美圖、影音、直播不再困難。垂直分眾的時代，每個人都有機會突然變成網紅，每個小圈子都需要偶像；而網紅的發展，也一步步走向專業化、企業化、資本化，商業生態鏈已經被建立，甚至，還有網紅進軍議會，而政治人物也有網紅化的現象。

已經回不去的是，直播、短影音、美圖，讓大眾目光停留在傳統媒體愈來愈少，直接與間接地衝擊娛樂文化、經紀公司、廣告、零售、電商等，讓資本轉而投入直播內

容與經營網紅，分眾而細緻。

　　只是樓起樓塌，網紅快速崛起，殞落速度也快，「變現」才是網紅成功的關鍵。多數明星不再高高在上、不再神祕，為了贏得粉絲互動、形成自品牌，也慢慢「網紅化」，如此才有機會將粉絲轉成購買力——只是當網紅從「免費」起家，要取得粉絲資本並不容易。我預言，網紅的門檻可能愈來愈高，尤其是「長壽」的網紅將愈來愈罕見。若無核心專業，讓粉絲成為超級用戶，恐怕只會曇花一現。

▌梳理出五類粉絲

　　如下頁所呈現，從廣告轉換率去思考，一百人中有五人去買（超級用戶、付費用戶）就是非常好的。如何去強化？每次行銷活動，可以鎖定一個族群，譬如針對觀看者，如何創造更多參與感？

　　粉絲是「fans」的音譯，這群擁護者引領了「粉絲經濟」，而在成為爆款之後，鎖住這群粉絲也格外重要。然

而，我想將「抽象的粉絲」梳理出五層：第一層，只有關注（follow）的<u>觀看者</u>；第二層級如親朋好友等<u>友善者</u>；第三層級是長期關注並形成口碑，卻還沒有消費的<u>支持者</u>；第四層級是消費者，也就是<u>付費用戶</u>；第五層級是消費兼推廣，穿透力十足的<u>超級用戶</u>。

一般專業工作者，大概十個粉絲有一個人願意付費，那「含金純度」很高，換言之，假設你有三百人關注，三十人願意付費、參與動員，那轉換率就十分出色。往往破千、破萬追蹤，那「純度」開始遞減，要牢記的是，經營粉絲群是貴精不貴多。

粉絲、用戶固然是衡量品牌的核心，但以知識變現來說，產品再好，沒有人消費，便毫無意義，因此，讓粉絲成為<u>付費用戶、甚至是超級用戶</u>，格外重要。第一步，也許可以「免費」作號召，聚攏粉絲，但必須與其他重要策略搭配，才能刺激粉絲進一步掏錢。

舉一個失敗案例：提供線上音樂服務的軟體Napster，曾因一開始就讓會員免費取用音樂，對於當時的

閱聽人而言，堪稱破天荒。但這家公司卻因侵犯音樂界的智慧財產權，官司一一上門，為了支付和解金，Napster將免費的服務轉型成訂閱制，但也因他們已經「教導」本身的用戶，不必付費就能取用音樂，導致轉型時面臨巨大挫敗，最終被他家企業收購。

因此，「免費」只能是戰術的第一步，而非可長可久的策略。

該如何留住用戶，提升為「粉絲」，甚至付費用戶的轉換率，同時創造恆久獲利？首先，必須告別流量思維，因為就算流量再豐沛，變現上，恐怕90％以上都不見得願意買單，最終只是「一種關注」；要讓粉絲變成付費用戶，甚至是含金量高的「超級用戶」，接下來我將一步步手把手教你。

面對不同粉絲，你該有不同的策略

分布比例	用戶類型	用戶行為	建議作為
1%	超級用戶	・願意購買並主動推薦的鐵粉	提供 VIP 尊榮感服務，為超級用戶創造稀有的驚喜，讓他們成為你的品牌口碑大使。
4%	付費用戶	・願意購買者	創造付費顧客的「歸屬感」並提升體驗。讓購買者樂於為你主動推薦！
15%	支持者	・有信任感的支持，但不一定會購買	挖掘「痛點」，為支持者提供你的產品服務。
20%	友善者	・有追蹤關注、有善意的朋友 ・有時候按讚、偶爾留言	提高互動率、建立信任感。
60%	觀看者	・路過的、看熱鬧 ・沒有太多的信任感和忠誠度	創造參與感的契機。

▌抓出超級用戶

　　光擁有龐大的註冊用戶，還不算是成功，願意付費的人數增長，讓營收自動流進來，才是關鍵，會員經濟模式仰賴「超級用戶」的形成，因為這是用戶基數穩固及擴充的根基。

　　超級用戶有幾個特性，他們特別忠誠、參與度高且會持續參與，他們投入可觀的時間，而且透過社群的力量，將你個人品牌的價值與文化傳遞出去；《引爆會員經濟》一書中，有催生超級用戶的三個步驟，值得我們參考。

　　首先，是讓顧客「無痛加入」：去除障礙是打造超級用戶的第一步驟，為了避免潛在客戶流失，要盡可能降低用戶加入的阻礙，確保加入過程是輕鬆的，像是完善的購物機制，詳細的引導、說明等，並且要能時時更新、改善機制，保持良好的體驗。

　　第二，重視顧客的「第一次」使用經驗：如同 Netflix 的行銷總監表示，第一次加入會員，就要讓他立刻獲得絕

佳的體驗，增加持續留存的可能；以 Netflix 為例，在過去仍然是影音租借服務的時期，會員一次可以收到三支影片，當他們歸還影片時，Netflix 會以最快速度提供想要觀賞的下支影片，這樣迅速的體驗，將帶給會員備受重視的感受，因為 Netflix 懂他們的心——第一次固然重要，同樣要留意的是，收集會員的意見，這正是為了避免用戶體驗設計與實際感受產生落差，並了解用戶的真實想法。

　　第三，「尊榮感」是超級用戶的成長關鍵：人們在特定時間內（例如三十天內）常態性地進行特定行為，最後，這項行為變成「日常」的可能性會大幅提升，因此如果你希望初次使用的用戶最終能成為忠誠的超級用戶，讓他們養成持續使用的習慣就非常重要。希望大家購買產品勢必得先創造誘因，除了產品本身的品質、購買產品的獎勵制度，更需要進一步思考，用戶是否感受到尊榮感，覺得自己與他人不同，讓他體驗到參與後可以得到額外的收穫，而這樣的收穫不一定是金錢、物質上的，也可能是身分分級或人際連結。

　　了解這三個步驟之後，落實在專業人士的用戶經營，該怎麼開始？我想，鎖定清楚的目標對象後，可以先從周邊去理解。舉個例子來說，如果是一位咖啡達人，可以思考經營的型態與目標消費者，是否有地域性之分？是消費咖啡、咖啡豆、還是餐食？如果朋友能幫你推廣，那他可能同時是顧客和推廣者。

　　而一位超級用戶背後，忠誠度可能帶來極大的價值，譬如可口可樂，有一死忠擁戴者每天花三十元買一罐，一年三百六十五天下來，他的含金量是破萬元的。若套用在牙醫、律師這樣的專業，回購的效應更是可觀，尤其是有一種超級用戶，消費頻率不高，但他很關注、會轉介其他顧客，那力量便不容小覷。

　　而「超級用戶」的貢獻度，可以列成以下公式：

貢獻度＝含金用戶人數×年度消費次數×客單價

　　我認識一位主播，粉絲數上看十萬，變現力卻可能不如粉絲三萬的主播——為什麼？主播的粉絲多半是來看美

照、窺探偶像的生活，一旦涉及消費，便會覺得「跨太遠」。

　　但是，粉絲數十萬並非毫無意義，這時候，可進一步深挖粉絲的「動員能力」──「動員能力」比「粉絲數」更重要，但動員的動機、目的，要出於專業，否則就會很「跳 tone」。以我自身來說，推薦新書便十分有號召力，那麼由己及人，我便建議這位主播，試著付費動員一次，邀請粉絲聽他分享自己的理財專業，價格不要低於一千元，設定一定的門檻，但要「鎖」，以免承受風險，承租太大的場地，卻只有小貓兩三隻。

　　關鍵是：粉絲是否願意掏出鈔票，變成付費用戶，買單「你的專業」。畢竟，社群人數多寡與「變現」，並沒有直接相關。因此動員絕非舉辦「粉絲見面會」，而是要與專業扣連，可以是理財，或是時尚、法律、心理諮商等等都好。

　　這位主播聽了我的建議，第一次鎖八十人，持續做了三次，他很興奮：「我終於感受到粉絲的臉譜，也理解粉

絲為何看我的臉書，喜歡怎樣的主題！」這一小撮人，便是擴大影響力，也是超級用戶的起點。

會員制與訂閱制

會員經濟是訂閱制的合理延伸，會員制是一種態度，也是一種情感，訂閱制則更像是一種財務約定。

會員制組織的構成要素，是湊在一起的態度和會員的感受，而不是會員是否訂閱，企業若無法認清自己就是這大趨勢的一部分，將無法與會員建立關係，甚至在強化商業模式時，受到限制。

▍讓人買單前⋯⋯先思考讓利

要從用戶身上獲利之前，請先考慮讓利。

試著想像兩種情境，假設你是一個 YouTuber，若是面向大眾，通常是免費，好內容搭配免費，往往是最快抓住目光的方法，而收益來源包括廣告贊助、代言等，但因為投入時間成本，可能不紅、可能被機制綁定，背後艱辛難以為外人道。

另一種情境則假設你是專業人士，應該要思考，賣什麼知識？誰要買你的知識（形式可以容後再思考），這又可以細分：是直接相關或間接相關，如律師，直接相關的知識可能是打官司、和解；間接相關則要在「圈圈」裡面找，也就是在會員群體裡，慢慢找他們的痛點。

這兩種情境，哪一種比較有機會「讓利」？我想，答案應該是後者，YouTuber 要讓利，除非自身財力雄厚，否則可能要靠廠商贊助；但對於專業人士來說，免費付出自身的知識，便是最好的讓利。

當然，不是永遠免費的。

　　分享我自身的故事：2016 年，我赴馬來西亞演講談社群行銷，每人收費約新台幣一萬七千元，限兩百人，付費，這很重要，這也是抓出超級用戶的案例——那時我只有個人帳號，沒有臉書粉絲團，但個人臉書好友上限已經達五千，當他們問起：怎麼不在臉書開粉專，原本沒時間經營的我，才驚覺學生有需求。

　　回到飯店後，我成立粉絲團。

　　但，下一秒，一個念頭閃過：完蛋了，我根本沒時間產製內容！

　　危機也是轉機，彼時，臉書開始夯直播，我決定在每個禮拜三早上六點直播說書，這時段非常冷門，根本是反其道而行，卻可以去釐清「這群人」，也就是知識渴求者，而非偶然經過的人；二者，風險低一點，因為我自己也怕講得不夠精闢。早上五點半起床，六點講到七點，每週一次，一連講了五個月，從一百人長大到五百人，反饋很強。

　　這便是「讓利」。

　　感謝那段時光，讓利給我很多的回饋——我錄說書的

起點，根本還沒有製作「知識付費訂閱」的想法，純粹自己想刻意練習，強化自己對鏡頭說書的本事，因此自己在一次次直播中，愈來愈強大；另外，這也予人為「許景泰」這個個人品牌貼上努力的、正面的、積極學習的標籤，這是抽象的 DNA，卻是隱形的資產或是魅力。標籤沒有好壞，卻能加深會員願不願意協助你「推廣」的動力——這便是「符號」，並非刻意塑造，而是長期關注之後，點點滴滴的累積。

之後，我回到自建的平台販售「線上說書」，原本支付破萬元的企業主、高階主管，看到兩千元以內的價格（一九八○元），從線下回到線上，自然覺得價格很實惠。第一年兩千八百人付費，隔年價格沒漲，成長到四千多人，2019 年更膨脹到超過七千人，從我一人開始說書，到如今有憲哥、許皓宜、陳鳳馨等更多「愛書人」一起參與。

聽完我的故事，若你是專業者，不如先盤點自己潛在的超級用戶，畫出三個圈圈：原本具備友誼關係者、與你

核心技能有直接相關者、有影響力的推廣者——中間的交集，就是你最該「鎖定」的超級用戶，讓他們黏住你，聽取他們的反饋意見，是最事半功倍的。

　　先讓利，才會產生連結，也有效運用行銷資源（無論是金錢或是時間），透過一個樞紐，進一步複製下一個，那便是超級用戶帶來的力量。

鎖定超級用戶

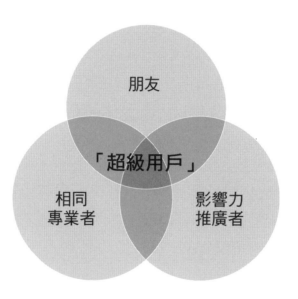

朋友

「超級用戶」

相同
專業者

影響力
推廣者

一次線下見面，
勝過十篇線上文章

　　先前談口碑，我們常常向親朋好友打聽，這正是社會資本理論中的「強連結」，由熟識、相同興趣的人所組成；然而近年來，意見領袖群雄割據，消費者開始參考與自己根本沒有社會連結的網路紅人，不僅是弱連結，簡直是看不見的「隱性連結」。

　　網紅當道的時代，老派見面看似過時，但是影響力絕不容小覷。

　　不少專業人士在臉書上，按讚數遠遠不及獲得數十萬、數百萬臉友追蹤的網紅；然而卻有驚人的「帶貨力」，這原因可能來自於「強連結」，也就是一次次線下分享、實體見面，讓粉絲領略到這位專業人士的品味、知識。而現場感受一次，僅僅一次，影響性可能超過十篇線上文

章——透過線下回到線上，文章的「召喚」效果會更好。

那是有溫度的，也是具體的。

我認識一位健身教練，她的臉書粉專超過二十萬人，但健身房的客源始終不穩定。她很苦惱，因為臉書粉專的超人氣，不等於線下實體店的來客數。於是我給她建議，試著從臉書粉專上找出真正「準目標客戶」，讓他們來為妳做口碑見證，成為妳的「顧客推薦名單」，將這群人實際在健身房的體驗，用照片、文字、影像一一轉成內容呈現出來。半年內，她和一百位推薦人緊密互動，也請他們背書，我相信，那比臉書專頁上按讚而從不消費的過客，更有用！

因此，我並不會建議每一位知識型意見領袖都要在臉書開粉專。一來，他們可能平時忙於核心事業，不見得有時間與粉絲互動，追蹤者人數稀稀落落，反而是自曝其短；再者，願意追蹤的人可能都是日常生活中往來的朋友，就算透過臉書下廣告，也等於是下廣告給朋友看，根本徒勞無功。

　　而線下交流的好處是可以借力使力，擴充自身於每一個關鍵樞紐[5]（Hub）的力量，想成為意見領袖，樞紐自然多多益善，這也回到我們所談的「心占率」。因為當樞紐介紹彼此時，冠上的頭銜愈直接清楚愈好，可以是講師、作家或醫師、律師、會計師，無形之中，雖然帶有「階級科層」的味道，卻可以避免不少誤解──而當你愈能為樞紐帶來價值，這網路掀起的擴散效應又更驚人。

　　不可諱言的是，多數專業人士並沒有意識到樞紐的重要性，而是經營自己的朋友圈，與其說那是樞紐，不如說更像是節點，如此一來，便無法讓自己的專業輻射得更遠，進而讓樞紐接收到；另外，也沒有思考自己「還可以照顧、影響的族群」，抓出自己的目標受眾（TA）；三者，重點不是很多人按讚，而是對的人按讚。

　　因此，線下可能更容易幫助自己，所以我鼓勵很多超級業務，如安麗、和泰 TOYOTA 等企業，建立自媒體，強化與線下客戶、產業樞紐維持聯繫──有影響力，就容易跨界。

　　這「自媒體」就如同是一張更生動、更好看的名片，我想超級業務、小老闆、專業人士建立自媒體，好好經營，可以享受三大優勢：一、自媒體能夠更廣泛地和顧客連結，如果你是業務高手，當然要連結更多的顧客，讓新朋友快速地連結你；舊朋友可透過你的自媒體與你互動。二、透過口碑分享，帶來更多顧客，理想的銷售不是一次性銷售，而是細水長流，透過更多人幫你創造聲量。三、讓陌生消費者容易搜尋，甚至可以在名片上印一個 QR-Code。

　　從線下起步時，毋須野心太大，從小規模開始，才會清楚族群的需求。畢竟，時間、資源極其有限，精準，再擴散，一點也不遲。

5　每一個產業、圈子或社群都有幾位「關鍵樞紐」，他們說話極具分量，更熟識這圈子內的每一位朋友，認識關鍵樞紐，就等於是打入這圈子的第一步。

召喚潛水客

數位浪潮下，常常蒙蔽人們的感受，其實，內容擴張可以從「線下」導回「線上」，不見得要從「線上」導入「線下」，這也與本書前面所提，釐清自身定位時的做法不謀而合。

舉個例子，某意見領袖參加活動，可能吸引台下聽者一起拍照，便可以在活動現場，分享自己的臉書、IG 等社群媒體，當活動落幕，便可繼續以「線下帶動線上」。

有些人會說，意見領袖要經營社群，應該先找「老師」，指導如何社群貼文，我覺得大可不必，與其要從零開始累積線上粉絲，不如從線下開始展現自己的專業。

就拿郝旭烈（郝哥）來說。他曾是台積電工程師，任職期間，成功轉任財務高階主管，是台積電赴中國大陸投資的核心先驅成員之一。後來，他轉至力晶半導體擔任總經理特助，在力晶半導體的五年內，促成數起大型投資合作案，其後，更成為全球前三大投資公司「淡馬錫」的行

政副總暨財務長，建置超過五十所小微金融機構。

然而，當你 Google 他，可能會感到訝異，因為郝哥沒有臉書粉專。

像郝哥這樣的專家，在專業上努力投入時，其實鮮少有時間能系統性地規劃、經營自己的社群媒體，與其「門前冷落車馬稀」，在臉書僅止於寒暄，硬湊貼文，不如好好舉辦有溫度的線下活動，透過社交、見面，精準地找出線下的受眾。

試想，你自己拍一張照，然後經營社群，迴響效果可能有限，運用線下帶動線上則有以下擴散的好處：一、圖文更有故事感，增添別人想要進一步閱讀的煽動性；二、透過一張照片，也就是實體活動後的延續性，不僅可以凝聚線下粉絲，同時也是擴散朋友圈，假設是五十人的講座，你可能深入認識五個人，線下的真實力量不容小覷。

說起「內容擴散力」，別只想著產製數位內容，在智慧型手機如此方便的年代，對意見領袖來說，從線下經營開始，不僅更清楚受眾的面貌，主題會聚焦，每一位邀請

者也已經過篩選。

　　再舉一個實際案例，我曾與康健雜誌合作，為劉博仁醫師舉辦大型演講，結果來了六百人，讓劉醫師嚇一跳，因為在此之前，劉醫師最多只講過百來人的講座，線下的場合中可以發現：很多五十歲以上的「潛水客」一一浮出，他們不見得會在臉書發聲，真實世界裡卻神采奕奕。

　　從郝哥到劉博仁醫師的個案，可以一窺，經營的目標族群年齡層愈大（三十五歲以上），愈建議走線下活動，不僅容易展現自身的專業，實質連結「認同者」的效果也佳，畢竟，透過有限的文字，不見得那麼有穿透力；反之，對於年輕一輩的受眾，可能比較習慣網路上的社交，此時，專業人士不妨借助團隊力量，為自己的品牌定位出影像、圖片、甚至是直播，再結合線下，方能相得益彰。

殭屍粉絲大復活

　　不論是線上、線下，掌握受眾的輪廓都至關重要，然而，也有專業人士因缺乏長線思考，經營出一個食之無

味、棄之可惜的殭屍粉絲團——這樣的粉絲團其實愈來愈多，粉絲數動輒一萬、五萬、十萬、甚至數十萬，但每一篇貼文下面的回饋令人唏噓，「殭屍粉絲」令人尷尬，該怎麼辦呢？

　　請先別管那蒼白的「粉絲數字」。

　　從頭來，我建議有兩種「大復活」的策略：一、用線下重新凝聚粉絲，增添柴火，重新燒旺；二、導流對的人進入社團，這必須有清楚的策略，譬如「一休陪你一起愛瘦身」的粉絲數達九十萬上下，互動卻愈來愈少，而後，他引導「鐵粉」或者可以說是「金粉」進入一休嚴選好物社團，量少質精，走尊榮路線。應用於專業人士的 IP，則可考慮網羅活躍、忠心互動的粉絲，給予「乾貨」，如文章、直播或是研究報告，甚至是線下的實體活動。

　　「活化」殭屍粉絲最聰明的做法，就是做線下聚會。彼此凝聚、高度共識後，社群才能繼續開展下去。當然，若受限於時間、距離，你也可採取召開「線上影音」聚會的形式。無論是用 Zoom、Google meet 或各種線上多人視

訊軟體，定期舉辦線上主題討論，在線上共同分享有興趣的主題，也能夠建立社群成員之間的緊密度。

新冠肺炎疫情期間，我就透過多次「線上集結」對五百位在馬來西亞的中小企業主授課、接受諮詢；又舉辦了多場主題式的線上交流聚會。目的，就是拉近彼此關係、更認識你，也讓粉絲、用戶從你身上取得有用內容和記憶深刻的社群經驗。

畢竟，臉書文章無法滿足每一個人，先細分受眾，思考長遠該經營怎樣的族群才是重點。當你什麼都誇誇其談，反而危險，消費者知道你都懂，卻不見得能認同你「最懂」哪一領域。樣樣通，樣樣鬆，假設你是考生，考了五科六十分，不如一科考一百分，那才是你真正讓人記住的關鍵──先定位自己、聚焦自己，先求深，再擴大。

形象和促購，同時達標

　　成為爆品，除了專業，更帶點機運，品牌的聲量固然重要，在鎖住粉絲時，應強化「效果行銷」。這包含了三個取向：一、效果導向，凡是有流量，無論用什麼媒體，要想辦法轉成「訂單」；二、拿到了會員之後，再讓會員為你推廣流量、搶流量，譬如中國大陸的「微信」，透過了紅包，你搶到紅包，再分享給更多人，一個過年假期就讓數千萬人加入了微信，善用會員去幫你推廣；三、透過創新思維、批判性思考與統計等的技術，達成增加 IP 產品銷售，與增加顧客的目標。

　　而品牌結合效果行銷，正是「品效合一[6]」，回顧這幾年來，品效合一的發展經歷了三大階段：首先，在傳統媒體時代，廣告主仰賴報刊、廣播、電視和戶外廣告四種形式進行單向品牌廣告投放，目的僅在於提升品牌知名度，

占領消費者心智，效果評估較不容易；第二，進入網路時代，廣告主開始重視廣告效果轉換；而今，人手一智慧型手機，整體投放管道更加多元，廣告主日益重視用戶反饋，品效合一也愈來愈被看重。

接下來，我將進一步談談如何引流量，以及品效合一的具體執行方法。

▍引流小心機

不少企業老闆、行銷人告訴我：現在「流量」愈來愈貴，賺的錢根本不夠做行銷。那麼有什麼方法，花小錢又可以做到精準「引流」，讓人潮絡繹不絕賺到錢呢？我想，套用在個人品牌，更是需要花小錢，以下三招，就是可以好好「引流」的套路：

① 設計你的產品賺錢組合

有一次我跟朋友在上海酒吧聚會，每張桌上都擺著一盤手掌大小的「免費花生」。我們邊吃邊聊，一口接一

口，這花生還真是愈吃愈「涮嘴」，只是一吃多，自然口乾舌燥，只好開點飲料，結帳才發現，飲料所費不貲。

　　發現當中耍心機的技巧嗎？一盤花生成本不算高，卻是很棒的「引流品」（免費，卻讓你的帳單可能翻倍……），而讓店家真正賺錢的商品，則是我們一直點的「利潤品」，也就是飲料，這也與之前所提的「先讓利」不謀而合。有一位香菇專家是我的朋友，他也掌握這樣的技巧，提供「引流品」（犧牲一點利潤，但非常吸睛）給一群媽媽粉絲，後來強化他在香菇界的專業形象，也讓他的周邊產品愈來愈火。

②「人拉人」的誘因

　　前幾年，我一位朋友在新北市開了「健身房」，只花

6　關於廣告，許多老闆都聽過這句經典名言：「我明知道我的廣告費有一半是浪費了，但是我從來不知道浪費的是哪一半。」但隨著社群時代來臨，越來越多工具有助於追蹤成效，消費者和品牌的互動越來越精細，於是同時達成「品牌形象、銷售轉化」的品效合一，成為新興營銷目標。

三個月，就收到超過一百位繳交年費的付費用戶，他用了什麼方法？

簡單說，他預先做好詳細的市場調查，發現該地區健身族群，70％都是在三公里內的社區居民；於是，他在一個月內舉辦三場「免費」入場的主題派對，廣邀社區居民，先「知道」這裡有間健身房，同時透過有趣的體驗活動，讓居民們對健身燃起「興趣」，這正是「引流品」，如同酒吧裡的免費花生。

取得數百位「準目標客戶」的聯繫方式後，第二個月時，他主動寫邀請信給這些來體驗過的客戶，並為「前一百」名申請入會者加贈免費三次的體驗課程。而這些加入體驗的用戶，只要在一個月內成功推薦一名好朋友來免費體驗，他與他推薦的朋友都獲得三次免費體驗課程。

這種人拉人的推薦做法，花的錢少，而且行銷又十分精準，在行銷術語中，便是以「裂變行銷」模式來做生意。「裂變」一詞，來自原子彈的爆炸原理，當一個外力打到原子，爆炸後，便開始裂變，刺激其他原子不斷分裂，產生能量；套用在商業經營，就是透過客戶的社交

圈，快速擴散產品、服務，產生影響力。

③ 設計會員卡制度

　　不少企業都有會員卡，其實關鍵在「尊榮感」。我認識一位美甲業者，只要辦「會員卡」（每年兩千元），就可享受價值四千元的產品，另外還有一份精緻禮品。透過「會員模式」的行銷來賺錢，就是運用心理學的「買到賺到」，而且成為會員者常會收到額外驚喜、附加價值，使得會員不只深感「物超所值」，而且備受「尊榮待遇」。

　　如果你有申辦 Costco（好市多）的會員卡，就會明白因為是會員才能買到、享受到 Costco 為你精選的高 CP 值商品或獨有商品。切記，設計「會員模式」時，會員卡就是你的引流卡，可以用 LINE@來建立，幫助你主動跟客戶聯繫、強化連結、有效互動，然後精心設計給會員的「尊榮福利」，讓客戶跟你消費一次之後，就甘心樂意跟著你，成為你忠實的顧客。

圈粉練習 ④ 換你把流量引進來

近年來，瑞幸咖啡行銷操盤手楊飛創造了「流量池」這樣的概念。「流量思維」是窮盡辦法去「獲取流量」，然後使其「變現」；至於「流量池思維」，也是先「獲取流量」，然後儲存流量、經營流量、發掘價值，再去獲取更多流量，並透過技術和方式，讓這個循環可以反覆上演，成為一個良性的循環形式。

從實體到虛擬的網路，大家都希望獲取人流，流量就代表了錢流，而「流量池」就是要教我們，如何讓流進來的客戶幫助你拉更多的顧客進來。以下總結本書提到的部分，一起來思考屬於你的流量小心機。

▶▶ 找出產品的賺錢組合

引流品

ex. 以健身房為例，可贈送客戶「一次教練體驗」。

▶▶ 創造人拉人的誘因

利他分享
ex. 介紹新客戶，兩人都享有「教練一對一指導」。

✎

▶▶ 設計會員卡制度

尊榮感
ex. 加入會員享有全年 9 折優惠。

✎

能轉化，必轉化

　　品牌和轉換訂單就是要求消費者立馬行動，看到消息後，快速反饋。因此，相比於創意、傳播量，如何讓消費者「趕緊行動起來」才是關鍵所在。怎麼實現呢？首先，好的 IP 當然是根本，只有好的知識產品，才能創造話題與熱度，獲得正面的口碑。

　　再者，要營造參與感，讓受眾深刻感受到「這個產品是為我量身訂製的」，過程中，除了緊扣消費者可能的痛點，讓廣告成為有感情、有溫度、有個性的文字，也是關鍵；唯一要注意的是，與其賣弄文采，不如單刀直入，搭配關鍵數字，譬如「必學的三堂課」或是「一定要掌握的五門學問」，以免讓消費者看完仍身陷五里迷霧，不知道在賣什麼。

　　最終，所有的文案都在觸發用戶「行動」，包括分享、按讚、留言回饋、消費，只是「錢」與「時間投入性」有高低之差。每人每天只有二十四小時，注意力是定量的，從注意到行動，如果只滑滑滑，那就該交代「買了以

後，會有什麼具體改變」，養出好粉絲，就是養出真正消費的粉絲。

揮別不在意「轉化率」的傳統廣告時代，「品效合一」是在行銷自我品牌時，時時刻刻該放在心上的。其實，品效合一離我們並不遙遠，就拿校園中常見的「海報」來說，多了幾個步驟，就能驗證行銷效果：譬如標明專屬的客服電話或是 QR-Code、LINE@，甚至「搜尋關鍵字行銷」——力求「能轉化、必轉化」，充分運用，就有機會讓舊用戶催生出更多新用戶。

Step 3

卷

闢拓內容影響疆域

告別「內容為王」的時代吧！

很多人誤解「內容行銷」只要按讚數多、互動多、分享多，

自然能帶動心占率。

無奈的是，花了大把時間、精力，

想辦法製作內容、思索各種內容創意和視覺設計，

卻沒能成功變現；

內容依舊重要，但在這塊土地上，培植繁花示人之前，

不妨先問問：觀眾是誰？他們喜歡看什麼顏色的花？

否則，終究是徒勞。

擅長做與應該做

　　怎麼將你的「知識」、「專業」輸出成人人想看、追蹤的內容？關鍵是做擅長的，也就是從你擅長的社群技能著手，以及你應該做的，即你瞄準的目標市場（如 P.126 的表格說明）。

　　這個承諾，可從三個維度去理解：首先，**時間**，一發煙火終究會被遺忘，唯有定期輸出有價值的內容，持續運轉，才有可能抓住眼球；第二，是**個人品牌、個人魅力、個人專業**，衡量內容有價的指標，不只是娛樂性高、按讚數多、分享數多寡，而是一篇又一篇具體有可看性、能鞏固你的第一定位，同時帶有個人色彩的知識性內容；第三，**影響力**，除了影響多少人，還有影響了誰？誰被你滲透、產生行為反饋？同時，哪些圈子的意見領袖也在積極關注你，想跟你有更深的連結。

　　例如：網路店長在經營臉書社群時，便應該「固定發文」，提供他想吸引的客戶群習慣關注、習慣互動。別小看「習慣性關注」，店長與顧客之間的距離，就是先從關注、追蹤而來，若每天一則發文能引來一百位顧客關注，讓「注意力」停留十到三十秒，進而留下好印象（如：喜歡看店長與顧客互動的小故事）、覺得受用（如：店長穿搭教學短文、短影片），每一次和顧客的接觸，長久積累，就是顧客對於這家店的心占率萌芽、茁壯。

　　這就跟「談戀愛」一樣，認識愈多，愈想深入交往下去，著急不得、真誠至上；更進一步，你可多用「提問」來建立更深層的顧客情誼。談戀愛不是單行道，要能雙向交流，試著在社群上，主動提問，問題不用太難，可以用「選擇題」，讓顧客願意參與你的提問。每一次提問，只要有顧客回應你就要真誠回應，每一次互動的過程，都為你和顧客創造進一步可能的契機。

	應該做	持久做	擅長做
定義	做你認為對顧客有用的事，也是跟顧客信任關係會提升的事。	要能夠固定發文，「養成」顧客習慣跟你建立好關係的前提。	從你擅長的社群技能開始。
方法	用不同形式發圖文、發短片、發起活動，目的只有一個──拉近顧客關係，讓顧客認識你、喜歡你、願意買單，甚至推薦更多人來跟你買。	從一天一則「固定頻率」開始，別急著多，但要做到「定量」發文，畢竟，沒有顧客喜歡跟不定期休息、愛做不做的店家做生意吧！	用你擅長的社群發文、圖片、影音來切入。我有不少學生，不僅容易引起關注，也讓追蹤的粉絲感到期待，想追下去。

　　還記得先前提到的「心占率」？從這個角度出發，你得持續用不同內容視角，將個人價值具象化，讓愈來愈多人在遇到某一項專業，希望尋求最好的幫助、最佳的合作夥伴時，立即浮現你就是不二人選而馬上連結到你，這時你就成功了。要發展對的內容，與其悶著頭默默耕耘，不如有策略地理解：內容世界是如何公轉？專業人士又可以如何自轉？

▌找到社群戰場

以目標市場和社群能力為 X 軸、Y 軸，可以切分出四類社群平台經營的模式（見 P.129 象限圖）。目標市場是指：你選擇的社群平台，目標客群是最多、最活躍、最集中，你若投入經營，「投資報酬率」回饋是最大的；而社群能力是指：你選擇的社群平台，是否有足夠能力可以持續經營下去。

① 第一象限（A）強強匹配

當你的社群經營能力和目標市場匹配度愈高，就是你選擇該平台、努力經營的最佳社群策略。就拿我自己來舉例，我的目標顧客絕大多數是企業老闆、經理人、醫師、律師、會計師等，年齡層落在三十五到五十歲，多半活躍在臉書上。喜愛寫作的我，就以經營臉書粉絲團為主，經常性發文、創造互動，選擇擅長做、應該做的，絕對是社群平台上最棒的切入點。

可以怎麼開始做？先確定你的社群能力是什麼？例

如：擅長寫故事短文？照片搭配短文？舉辦小型主題活動？選定擅長、可持續做的「社群能力」結合你的「專業能力」，瞄準目標客群，展開社群經營。

② 第四象限（B）會做不會說

要設法提升自己的社群能力，否則可能眼睜睜看著在社群上活躍的目標客戶擦身而過！舉例而言，我有學生是「美容理髮師」，最值得投入的社群經營戰場，自然是聚集了大量十八～三十四歲目標族群的 IG。換言之，這位美容理髮師應該補強攝影、影像後製的能力，才能在重圖像的 IG 暢行無阻。

如果你的目標客群在 IG 上，但偏偏不擅長拍照攝影，那絕對要刻意練習「拍照技巧」。我為直銷、美容、廚藝、健身人員開班「成為 IG 微型網紅達人」，多數學員一開始都不懂如何 IG 拍照？透過一步步學習，漸漸能拍出吸引人目光的 IG 人像照、產品照，搭配文字，融合自己的品牌定位、專業形象，吸引到有效的目標粉絲。

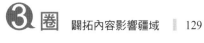

找到你的擅長做和應該做

社群能力
（擅長做）

強項

C
轉換平台
（強能力、次要市場）

A
強強匹配
（強能力、主要市場）

目標市場
（應該做）

次要

主要

D
打掉重練
（弱能力、次要市場）

B
會做不會說
（弱能力、主要市場）

弱項

③ 第二象限（C）轉換平台

要思考「轉彎」，開始布局下一個主要社群平台來經營。你也許很會寫文，但比起臉書，部落格文章相對已經乏人問津，十多年前，我打造了台灣最大的部落格經營平台，只是時移世易，過去經營部落格有聲有色、人氣極高的部落客達人，超過 60％都已消失、沉寂。而後來「轉彎成功」（改變跑道）、人氣依舊鼎沸的部落客，諸如村子裡的凱莉哥、魔鬼甄與天使嘉（轉至臉書），都讓原有的粉絲順利移轉，持續追隨。更厲害的是，在重新開始耕耘的社群平台，培養出一群追蹤的新粉絲。

社群平台有很多，請先選擇一個最適合你的平台展開經營，集中火力。很多學員問，什麼是最適合的社群平台呢？請先符合以下兩個要點：

a. **目標顧客最活躍的社群平台**：目標客戶在哪？你的產品需求市場就可能在哪！若是目標族群很少用臉書，主要都在 IG 上活動，臉書經營得再好，效果也大打折扣；相反的，如果你的客群是三十五歲以上的上班

族，臉書可能是你目標客群最常活躍的所在社群，那就是你最好的社群經營開端。

b. **不只要常用，更要熟能生巧：**工欲善其事必先利其器，跟社群經營道理一樣。你要會玩 IG、常玩 IG，才能理解 IG 社群平台的功能、社交模式、社交文化。要成為某個圈子的微型網紅、意見領袖，你要會玩，更要洞察每一個社群行為細節。因為平台與工具變化不大，但關鍵在於是否掌握目標顧客的社群行為，要善用社群工具與他們發生有意義、有價值的互動，甚至影響他們，讓他們關注你、愛上你。

④ 第三象限（D）打掉重練

這類型無論寫文、拍照、拍影片，能力都不足，且又在非主要目標客群上經營社群，這時，必須做出重大改變！我教過的學生中，很多五十歲以上的資深業務人員，想把社群經營好，好跟年輕客群溝通，培養新客群。但他們的社群經營能力不足，又不習慣 IG、YouTube 之類的社群平台，我會建議先從「可以勝任」，比較好上手的社群

平台做起點，像拍影片門檻太高，就先以一張圖搭配簡短文字在臉書、IG 出發。不要好高騖遠，只要第一步跨得對，踏出後持續前進，很快會看到成效。

至於以照片溝通的 IG，使用者多半為三十歲以下的年輕族群，適合美妝保養品、餐飲等著重拍照的產業。但缺點是無法置入連結，較難轉換為「訂單」；至於讓影像「動起來」的 YouTube，經營前，要先自問：你一週可以更新幾次？影像製作熟練度如何？如果一個月只上傳一支影片，恐怕難以為繼；而同樣有人使用的抖音，目前趨勢尚待觀察，不建議貿然投入——總而言之，我建議經營社群平台以臉書、IG 為首選。

圈粉練習 **5** **掌握你的目標客群**

　　更進一步來探究社群平台的選擇，至少要能回答社群目標客戶的用戶輪廓（具體面貌與行為）。若能清楚回答以下四個問題，就表示你完全掌握社群平台用戶的行為特性了。

▶▶ 目標客戶是哪些人？

具體寫出性別、年齡、職業
tips：透過觀察活躍粉絲，可以整理出目標客戶的樣貌。

▶▶ 你的用戶喜歡在社群上做什麼？

描述時間、行為、場景

tips：從後台觀測出用戶的活動習慣，例如晚上九點多半是媽媽的活躍時間，愛好網購、逛社群；上班族則在通勤時間瀏覽。

▶▶ 目標客戶喜歡你的哪些內容？

從粉絲和你的互動中找出端倪

tips：你的用戶喜歡短文、短影片、定期舉辦的社群活動？若是你的產品相對昂貴，建議可以經營臉書──30～50 歲上班族慣用的社群平台，可以使用 200～500 字的長文來溝通。

▶▶ 用戶為什麼關注你？

激發用戶按讚、留言、分享的主題

tips：記錄哪些標題引起最好的反應，就能找到用戶對你感興趣的原因。不要自滿於幾次的成功，要不斷嘗試新主題，能發揮的社群空間才會變大。

粉專跟社團差在哪裡？

　　臉書「粉專」和「社團」同樣都是聚集一群同好，二者也都有舉辦活動、直播、建立相簿、發布影片等功能，其中到底有什麼差別呢？

　　粉專的主要目的是接觸到目標客群，並且找出潛在客戶的涵蓋量。而社團與粉專最大的差異在於，社團可以選擇公開程度，保有一定的「隱私性」，不強調觸及人數，而是更重視成員的凝聚力與互動程度。

　　簡單以表格來看，如下：

比一比	粉專	社團
公開程度	對任何人公開	現在只有兩種：公開（可以搜尋）、私密
參與成員	對於內容有興趣的人都可以追蹤	具有一定身分或是經過審核的人
評分機制	任何人都可以對粉專評分	無評分機制
經營方向	・強調分享 ・重視集客能力	・強化成員間的凝聚力 ・著重在成員間的互動

而「社團」有哪些特點呢？

① 隱密程度

建立社團時可以設定隱私程度，從所有人都可以觀看貼文的「公開」，到只有受到邀請才能加入的「私密」。如果社團人數在兩百五十人以下，發表動態消息時，所有加入社團的人都會收到通知；超過兩百五十人時，就無法所有人都收到貼文通知，只有在社團內、同時又是你的臉書好友的人，才會收到通知。

② 不能下廣告

臉書規定只有粉專才能針對目標受眾下廣告，社團無法投放廣告，所以不能以廣告方式宣傳，要以其他方式行銷。

③ 分享

貼文能否分享，是根據社團公開程度而定。公開的社團，每個人都可以分享其中的貼文；權限設定為私密的社團則不能分享，只限社團內的成員觀看。

④ 動態消息

社團貼文的缺點就是「不依時間早晚」排序，而是按照「熱門程度」排序。在你沒有設定任何貼文「置頂」的情況下，愈多人留言回應的熱門貼文，就會排在愈前面。粉絲團

則是用「時序」分動態消息前後，愈新的資訊愈容易被看見，不用擔心被熱門的給洗掉。

⑤ 訊息

社團成員若想傳遞私訊給社團管理員，只能直接私訊至對方的「個人帳號」，不像粉專有統一的官方收件夾，可以將所有粉專的問題都收集起來，不會遺漏。

⑥ 沒有評分機制

粉專可以給五顆星評價，建立好口碑，但社團沒有這種機制，好壞全靠成員間的口耳相傳。

⑦ 可事前篩選成員資格

粉專上，只要是對你有興趣的人都可以追蹤你，但社團則是你可以決定參與的成員資格，像是要有特定身分才能參加，享受獨有的尊榮感。

適合成立社團的三種客群

隱密性的主題俱樂部	VIP 用戶	網紅或意見領袖
例如知識付費訂閱（只有付費的會員才能加入）、商業經理人讀書會（只有付費的經理人才能參加），這種限制性資格、隱密性較高的，強調只有付費用戶才能進入。提高門檻，既能讓付費的成員感覺自己比其他人更尊榮、優越，也會更投入在社團裡。	當你的產品有很多人購買時，為了區分不同的顧客，強化忠誠度，可以邀請一年購買到一定金額的人進入社團。這些人就是你的 VIP 客戶，你可以在社團中提前告知優惠訊息，回饋他們也吸引更多人加入。	網紅做社團的主要目的就是凝聚粉絲、培養鐵粉。舉例來說，網路知名創作歌手蔡佩軒除了經營粉專外，也開了「小魚家族」社團；在粉專發布歌唱影片、在社團與粉絲分享生活點滴。將兩種不同性質的貼文分開，拉近與粉絲的距離。知名減重與健身部落客一休也是相同的經營方式，同時做粉專跟社團，藉此特別凝聚強烈愛好健身的人。

其中，若想做好社團 VIP 用戶，得緊抓三個「刻意原則」：

a 刻意限定人數

限定人數不單是因為「VIP 用戶的尊榮感」而已。對你來說，要照顧好每一位用戶，一定得耗費時間、精力、資源。我認識很多想經營好社團的人會失敗的原因，就是一開

始的關鍵業績指標（KPI）設定在「數量成長」。KPI 設錯了，社團成員凝聚力（關係緊密度）、活躍力（互動頻率）自然無法提升，過一陣子社團就容易散了。

因此，一開始應該服務好「一小群人」，讓他們清楚感受到「尊榮體驗的價值」。因為「小而美」，也便於你想調整時，可以立刻改變，讓 VIP 用戶馬上有感，例如：經營健身房社團，可以先設定「付費會員」加入社團，提供特定課程、活動、服務，當社團會員已經養成「互動習慣」、「喜歡社團」後，再階段性、限制性開放新血加入。

b 刻意投入資源

你願意花多少時間、金錢、精力在養成一個優質的 VIP社團？如果要提升你的社團價值，勢必要規劃一筆預算和一定時間，讓社團與眾不同，更多人想付費加入。

天下沒有白吃的午餐，想讓人掏錢加入社團，卻做不出令人滿意的產品和服務，就會出現「付費價格」與實際得到的「價值」有落差！要讓 VIP 感受「物超所值」，就要設法投資每一位 VIP。相信我，這些社團 VIP 最終的反饋，會讓你這筆投資獲取實質的回報。

c 刻意讓用戶參與

一個社團真正成功的主要指標，就是成員主動參與程

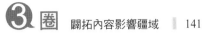

度。要先有一個清楚的使命,才能養成一批成員,願意主動與你一起維護社團,做出實質貢獻,你才有機會讓這個社團從五十人變成一千人,而依然強健。

因此,當你每月舉辦活動時,邀請比較積極的成員,使其成為骨幹,參與度愈深,就愈能讓成員做出貢獻,進而提升認同感。我的「商戰經理人讀書會」共有七百位付費成員,之所以能夠活絡,就是因為三十五位讀書會組長「主動參與」,他們奉獻、自掏腰包的背後,成就感來自於愈給予,組織成員給予的回饋就愈多。

▍社群與獲利

　　無論是 YouTuber、知識型網紅或專業人士，在內容產製上，獲利模式大致分為兩種，一種是廣告商直接與創作者合作，也就是常聽到的「業配」；另一種則是影音平台的分潤機制，這套機制頗為複雜，除了計算點擊、收看時間長短，也涉及到內容。以 YouTube 官方的「YouTube 合作夥伴計畫（YouTube Partner Program，以下簡稱 YPP）」為例，YPP 能讓 YouTuber 透過廣告、訂閱等各種方式，以上傳 YouTube 的內容達到獲利目的，而要參與 YPP，必須符合以下幾個條件：

① Google 帳戶紀錄良好，而且營利功能之前未曾遭到停用。

② 上傳品質優良且適合廣告客戶使用的原創內容。

③ 該頻道在過去十二個月的累計觀看時數達到四千小時，且訂閱人數超過一千人。

④ 影片內容必須遵守 YouTube 的《服務條款》與《社群

指南》。

　　由此看來，先前盛行的「內容農場」風格，因為不是「原創內容」，自然有式微的跡象。現在能竄出頭的，需要更多的原創、更多的第一手。

　　只是既然用平台賺錢，自然也受制於平台，譬如近年來引發諸多討論的「黃標事件」，一旦 YouTuber 上傳一部新影片，被官方標示為「黃標」，該影片的流量就無法讓創作者獲利。被貼上黃標的內容五花八門，可能是政治，也可能涉及成人議題，當然也有讓人摸不著頭腦的。黃標一多，創作者便形同在 YouTube「做功德」，無薪為平台創造內容，縱使向官方申訴，洗刷冤屈，損失的廣告費也討不回來。

　　而除了以上提及的影音平台 YouTube，圖片、文字、簡報，要傳達的概念不同，每一種媒介都有它的侷限性。關鍵是維繫以及讓觀看者理解專業的輪廓，但不能侵蝕原本的核心業務。

　　先談談影音，影片分兩種，一是直播，二是拍完上傳的離線影片。近年來，直播當道，YouTube 和臉書直播的效果都不錯，尤其是 YouTube 結合訂閱制，直播效果更能加乘，但要留心的是，YouTube 必須長期經營才有意義，如果只拍兩三支影片，那比較像是宣傳影片，無法有效累積訂閱數。

　　至於離線影片，我建議控制在三到十分鐘，同樣需要長期建構。單純只拍一支，會比較像廣告片或是官方宣傳片，那效益不大；建立個人頻道後，有固定推出時間，深度是其次，要留意的是長期累積的複利效益，只要觸及特定關鍵字、系統化呈現專業，雄踞一方，那便是成功經營「心占率」的影音內容。

　　再者是圖片，目前最紅的「圖片思考」社群平台堪稱是 IG，尤其面向年輕族群更是不可或缺的。只是 IG 以圖像呈現為主，在專業上，可能得結合一點點「傻白甜」的外貌，比較能吸引多人追蹤。包括作家、網美等專業，要抒發美妝、保養品、心靈雞湯等內容，可考慮 IG 這樣的

社群平台。

　　另外一提，不少金融業者、趨勢觀察公司，會讓網友下載報告，也是彰顯高度專業的不錯管道。一月一次，讓網友領取時，填寫相關聯絡基本資料，後續運用、發揮的空間也會比較大。

　　我曾教過不少金融業經理人，請他們試著產出兩份有料的「獨家產業分析報告」：一份可以每月一次在社群上分享，鎖定目標客戶，讓他們主動填寫姓名、email，藉此免費領取這份有料的報告；另一份則是針對留下資料的人，邀請他們成為「VIP 付費用戶」或「VIP 社團成員」，這些準顧客才能取得「知識含金量更高的報告」。

　　最後，也是最「古典」的溝通方式當數文字，雋永的短文字並不容易掌握，相較之下，深度文字較能與專業連結。過去，部落格「深度」很足，還有搜尋的紅利，但如今，大眾接觸視覺的渴望會更高，部落格的擴散性不佳，所以臉書堪稱一般行業專業人士的首選。而在臉書貼長文，搭配合適的圖片，只要有深度，便能呈現出專業的細

緻，多數三十五到五十四歲之間的知識工作者，以文章搭配一張自己攝影的圖片，感染力可能更勝影片。

在網路時代的風口浪尖，初期如果對市場不清楚、平台使用不夠熟稔，可以先在時下比較夯的社群媒體好好經營，毋須多點通路開花。鎖定自己目標受眾常常使用的社群媒體，再擴充自己在該媒體的內容與聲量，才能集中火力，在極為有限的資源、人力下，做到最好、快速調整。

至於最近大陸愈來愈火的「音頻」，我認為實作上，有一定的難度：假設我不認識你，單純聽音頻，可能會有點摸不著頭腦；要錄製音頻，若你是某醫師、律師、會計師、工程師，面孔模糊，記憶點自然很弱，音頻不容易呈現專業，尤其與文章相比，結構性更弱。反之，倘若已是明星、知名人士或有具體人格魅力清楚的人物，如蔡康永來錄製音頻，因為有清楚的角色形象，就會較容易引起聽者的注意。

我自己經營一大清早的讀書會，起初二十分鐘大家還能乖乖坐在螢幕前，後來便開始做家事、弄早餐，又何況

是音頻呢？然而，音頻不失為「實體課後服務」的好媒材，一對一或一對一小群音頻可考慮嘗試客製化地給予專業建議，在線上回答問題，像是諮商、管理顧問，音頻便有強連結。在中國大陸，已出現「微信群」或「分答」這樣的 APP。

但是因為廣播，讓音頻的付費習慣難以拉高。而且多數使用者聽音頻時，都是較輕鬆的心態或利用碎片化時間聽取。

因此，知識付費音頻單價不容易超過一百元，而好的付費線上課程影片則可以設定在一千至二千元間；至於文章，則不容易收費，若要商業化也應該走加值服務，譬如參與「說書」，訂閱影片之後，可以再提供文章。

▌ 與對的人說對的內容

告別「內容為王」的時代，我並不是說，內容不重要，而是必須更精準，考量不同的目的，創造不同的內容類型，根據 SHOPLINE 全球智慧開店平台，臉書、IG 與

LINE 都算是目前高度使用的社群平台。其中，臉書與 LINE 的使用率更超過 95％，向對的人說對的內容，是在茫茫資訊海中，「跳出」的關鍵。如果你是超級保險業務員，內容不該是一味推銷保險，而是提出「保險業務員可提供的三個幫助」；如果你是超級汽車銷售員，不用等消費者想買車再溝通，而可以先強調自己能提供車子相關的專業諮詢。以下我將從三個角度，為讀者整理關鍵技巧：

① 即時訊息：求快速

舉凡臉書貼文、社群軟體即時訊息（LINE@）、簡訊、EDM、電子報都是即時訊息。即時訊息不只可以快速地傳遞優惠情報給顧客，最大的優點更是能在特定節日時給予祝福，讓顧客感覺到你不只有在賣東西的時候才想到他，而是像朋友一般地關心。

② 文章內容：比深度

體驗文、業配文、促銷活動、新聞置入、採訪報導等等都是，比起即時訊息，文章類的行銷更注重內容的深

度、產品的描述，以及消費者的實際使用體驗；像新手機上市時，Mobile01 上常會出現開箱文，從產品規格到外型都有詳細的介紹，讓人可以很快地了解產品特色，同時比較同類型產品的差異處。一篇好的業配文不只要追求流量高低，更是質量的好壞，因為每一篇業配文都是在建立口碑，一旦文章發布，每個人都可以在網路上看見評價。

③ 影音內容：娛樂性、受用性為主

　　影音的內容主要有三大類：開箱影片、知識內容或是話題性較高的娛樂影音。最常見的還是開箱影片，許多 YouTuber 專拍這類影片，對於產品的了解可能沒有很深入，但對於消費者來說，看這些影片的主要目的本來就不是學習產品的功能，而是以娛樂目的為主，他們想看「有趣、好玩」的影片。

臉書、IG 比一比

社群平台	臉書	IG
使用者輪廓 [7]	長輩群 13-17 歲 2.9% 18-34 歲 42.4% 35-54 歲 39.1% 55 歲 up 15.6% 49.8%　50.2%	年輕人 13-17 歲 5.4% 18-34 歲 66.2% 35-54 歲 25.7% 55 歲 up 2.7% 46.2%　53.8%
主要編輯方式	網站、手機	手機
內容	圖文、文字、訊息	圖像為主，或 10 秒有感短片
Hashtag（#）	混亂	有整合

▎六種產製內容的方式

　　了解內容行銷的分類與策略後，接著，你也許會思考該如何產生內容？如果自己文筆不好，又不擅長拍照、繪圖，是不是沒救了？非也！以下列出最常見的六種生產內容的方式。

① 自有創作：

　　內容主要來自企業內部的團隊，像擁有近兩百萬訂閱人次的網路短劇天團「這群人 TGOP」就屬於這類。一開始從劇本、拍攝到出演都是由七個人合作完成的，之後才慢慢擴張拍攝的團隊。

② 外包寫手：

　　跟①不同的是，當企業內部沒有了解相關內容的人，就可以找部落格達人或邀請合適的網紅推薦。不見得是文

7　使用者輪廓（臉書 /IG）為 2020 年 2 月 NapoleonCat.com 之數據。

章類型的內容，影音也可以外包，很多做群眾募資的新創團隊在人力不夠或技術不足的情況下，也常常交給專業的團隊產製影片。

③ 社群共創：

舉個例子，廠商在舉辦實體活動後，可以將當天的活動紀錄剪輯成短影片，讓群眾不但是參與者，也是內容的一部分。像某航空業者就曾經邀請旅客在網路分享旅途時印象最深的聲音，分享後就能獲得抽獎機會，這就是典型的利用提供誘因，鼓勵消費者分享自身體驗上傳，讓大家一同參與的活動。

④ 採訪報導：

將內容透過「採訪報導」的方式包裝，採訪對象不見得要是名人，顧客的心得分享也是常見的做法。這個方式不但成本較低，說服力也更高。此外，由員工實際測試後，撰寫相關文章也是種方法。

⑤ **授權轉載：**

　　假設你的專業知識跟「寵物」有關，同時在網路上經營寵物社群，看到相關的寵物資訊，就可以請對方授權給你使用；比起自己產出內容，授權轉載更容易也更迅速。唯一要注意的是，轉載的內容必須要跟你的社群定位相符，以免顧客混淆。

⑥ **外電編譯：**

　　很多網站會從國外報導收集資料，重新撰寫或整理成一篇文章。外電編譯的內容，通常會以對受眾來說有用或有趣的資訊為主題。比起授權轉載，外電編譯需要花更多的時間，但是在內容選擇上可以更貼近受眾，也比較有獨特性。

經營自媒體，先自我體檢

你正在經營自媒體嗎？不妨試著問問自己三個問題：

① 很多人看我的原生內容，按讚、分享，就是成功？
② 固定、有紀律地產出內容，就是成功？
③ 扮演稱職的臉書小編，與粉絲親切互動就是成功？

大部分人在做自媒體，都做錯了。

天字第一號錯誤就是「內容為王」，一直筆耕，而欠缺策略，沒有深入思考每一篇文字與「第一定位」，亦即品牌形象、未來方向的關聯，有人看，不見得就能轉換為現金。

第二個容易犯的錯誤，是沒有評估「時間投資報酬率」。意見領袖應該將 70％的時間，用於自身專業上，而

非耗時去學習剪接、製作。即便學成，也不可能與長期浸淫影像專業的工作者相提並論。

　　坦白說，有些口條不順、面對鏡頭不自然、肢體語言僵硬的專業人士，並不適合一開始就拍影片，若是硬要跟風，沒有先練習準備好，恐怕會適得其反，折損個人品牌的專業度。如果自己的強項是文字，就應該好好寫，核心強項是圖像創作，就好好畫，切莫輕率走上拍影片之路。

　　但，這些行業的意見領袖此生就與影片「絕緣」嗎？若不適合授課卻想要攻「線上課程」，就該不斷練習、尋求專業指導，以期能在短時間內，淬鍊出口語表達與說服力這樣的能力。

　　低等勤勞，不僅沒用，而且欠缺獲利模式。

　　請拋開勤能補拙的包袱，盲目努力，並不會有成績；事實上，若不懂得找出問題所在，所有學習都效益極低，回饋的報酬當然也會更加令自己失望。

找到最小的施力點

親愛的專業人士，經營自媒體之前，我建議你先針對以下兩個問題，寫下心中的答案，一、你的觀眾是誰？也就是會買單的族群是誰？二、知識產品要賣幾次？是賣一、兩次，抑或是持續販售的長線思考？

進一步追蹤觀看者、潛在消費者，甚至是消費者的面孔，他的收入區間為何？年齡層？住在哪個區域？甚至他們喜歡什麼、又不喜歡什麼，唯有捨，才能得。

以我自身經營臉書和線上課程的經驗來說，首先，鎖定的是中高階經理人，教他們互聯網模式、物聯網策略、互聯網＋傳統產業；第二，則是推出線上不到兩千元的課程，這與動輒三、四萬的課程相比，自然有價格優勢，也能「賣到爆」。

除了授課，我也曾實際為企業操作網路口碑，起步時，客戶並不多，只能先平價攬客。當時找上我的是「幫寶適」紙尿布，我邀了一群部落客媽媽，請她們試用，在

臉書分享心得。後來，好奇寶寶、滿意寶寶也來了，只要我掌握夠多的「媽媽寫手」，便有機會在親子產品這一個領域異軍突起。

高低通吃，背後的祕密是要找到最小的施力點，以槓桿撐起最大的市場胃納。

消費者的心智和腦容量是有限的，試想，當你跨入一家企業、認識一件產品，得花多少努力才理解？這樣一來，又該如何寄望消費者在一兩秒間，馬上被打中，進而產生好感呢？這也呼應了本書之前所提及「心占率」與「第一心智」的重要性。

知道對誰說話，再決定說些什麼

我家孩子三歲時，帶他去東京迪士尼，我發現這座樂園的神奇：它不是賣米老鼠、更不是賣遊樂器材。

而是販售快樂。

孩子流連於一個個遊樂設施，站在賽車道前，排隊四十分鐘也不喊苦，要是在其他遊樂園，他早就放棄、失去

耐心了；當時我陪他玩了五分鐘，他堅持排第二次（我內心大喊：完了！）。

這其實是迪士尼清楚知曉自己的核心定位，它將快樂融入到員工的態度，結合文宣、環境、紀念品，清楚知道自己對話的人，再讓這些人漸漸上癮。

前面提到的牙醫師，起初，他拍了五花八門的影片，還有不少搞笑的影片，但他不是網美，面對的是病人，何苦來哉？後來，他著眼於長線思考，不再做影片，而是透過社群專注於筆耕，逐步建立起自己在牙齒矯正的專業權威感。

不有趣，一步步卻很踏實。只要專注自身能力強項，鎖定目標用戶深耕圈粉，搶占第一心占率，這才是最聰明快速的社群經營捷徑！

「大大學院」的線上學習，一開始只做單一的「職場學習」課程，鎖定三十歲以上的職場上班族，期望提供職場人士一站式的「終身學習知識服務平台」。

很多人認為提供愈豐富、愈多的內容給目標用戶，就

可讓用戶得到最多滿足，事實上卻是風險最高的做法；唯有「鎖」住單一潛力市場，集中火力、快速切入，才會放大你的優勢，在有限資源下築起競爭門檻。

因為限縮，我十分清楚：要對誰說話？該說什麼話？資訊愈單純，針對痛點開出的「處方箋」也愈容易服用——回到專業人士自身，當 IP 打中消費者的需求，市場也驗證消費者願意花錢購買，這時候，跟進、仿冒的速度很快；如果只是一味地填補市場缺口，就注定落入「後視鏡行為」中：別人怎麼做，我就怎麼做。但追趕，是永無止境，最好的方式，是要為自己說故事。

說故事要掌握兩個原則：讓人連結你的知識產品、將你的第一定位作為釣鉤。讓故事成為 IP 與消費者的連結，就算有同類的知識商品，你的故事馬上能帶來畫面，讓顧客迅速連結產品及服務。

試著為自己的 IP 以一句話、一個故事、一個清楚的消費者定位，宣告個人風格，目標愈精準，愈容易擊中。

網路社群依舊能載舟，只是必須換一種操作方式，對

於專業人士，就是透過網路，放大自己的專業，傳達自己清楚的定位，給一群對的人收看。

我的「商戰經理人讀書會」聚集了許多年輕創業家，其中有一位成員是獸醫師龔建嘉。他是台灣少數的大動物獸醫，每天穿梭在中南部牧場間，為牛隻診療的他，對台灣的生乳收購制度不滿，也就是不論酪農的飼養方式是否用心，收購價格差異都差不多。

大型鮮乳公司四處收購乳源後，用標準化方式，包括乳脂調整等，讓每一瓶牛奶的風味變一樣，也讓台灣的鮮乳喝起來都差不多。當時，龔建嘉被好友拉進讀書會，某次順手拿了剛擠出來的生乳給讀書會成員試飲，大家熱烈迴響，建議龔建嘉應試著創業。

後來幾次讀書會，龔建嘉都被追問進度，有人提網站，有人貢獻行銷的專業，他也建立了「鮮乳坊」。恰巧當時台灣掀起食安風爆，大眾願意多花點錢，吃得更安心，市場縫隙出現，龔建嘉順勢攻入，商業周刊曾報導，讀書會改變了龔建嘉的職涯。

　　時勢，真能造英雄。因此，在經營自媒體時，貼合風向，強化自己的專業，可能收事半功倍之效。

┃ 以終為始，認清目的

　　很多人在社群經營自媒體，犯下嚴重錯誤——誤解了目的——不少意見領袖常將粉專的目的設定為：粉絲數量、留言數、分享數或是購買量。事實上，考量商業利益，在經營粉專前，最在乎的是最終目的：「將流量轉換成購買量」。所以真正重要的指標不是人氣的高低，而是「購買」的多寡。

　　開始經營自媒體時，為了累積粉絲數，你可能會舉辦抽獎活動，吸引更多的人瀏覽，進而創造踴躍的留言。但按讚數、觸及率、留言多寡跟商業化之後產品的銷量並不一定有正相關。

　　這些活動背後最終目的，還是要引導觀看的人購買。所以若經營粉專最終目的是販賣商品，就應該告知消費者有這個意圖，讓消費者接收到這個訊息，他們才會照著你

傳遞的訊息行動。

　　那該怎麼做才能讓用戶掏出錢呢？第一步，要先取得他的手機或臉書帳號，以便之後主動聯繫促銷。此外，不只是經營粉專，你也可以透過建立活動頁，讓消費者用填寫問卷換取試用品。一旦他留下資料（手機號碼或是臉書帳號都可以）後，他就成為會員，你可以定期聯絡告知產品的新消息，拉近彼此距離。

　　從會員到付費用戶的過程，最基本的還是跟粉專內容、用戶行為能密切契合有關。在粉專上提供目標用戶切身相關的開箱短片、受用文章或圖文，長期經營，提高會員信任感，才有機會轉換為實際購買者。購買後，還要強化他們的認同，購買者才有機會成為粉絲。你可以針對已購買者辦 VIP 活動、見面體驗會，或是在新產品上市時邀請參加，將產品的核心價值推廣到購買者的心。

　　經營粉絲的價值在於，粉絲會是品牌最好的推廣者，一旦購買者成為粉絲（推廣者），他們會主動分享資訊，或是將產品介紹給他的親朋好友，帶進更多的潛在客群。

　　所以回到最初的問題，粉專沒人看怎麼辦？從經營粉絲的角度，可以努力把消費者升級，從金字塔底部開始，逐步將消費者與產品連結在一起，培養出產品的鐵粉。

六個月成為真正的微型網紅

　　有了概念，但是還想知道如何實作？跟著我打通任督二脈，紮實通過三層關卡，自然成為有影響力的微型網紅！我建議用六個月分三階段，打造你的社群鐵粉圈計畫吧！

階段① 專注精耕百人鐵粉圈

　　無論你是哪一種專業人士，賣車、賣保險、賣服飾、賣保養品，請先設定好清楚的專業定位，專注精耕一百位鐵粉。別捨近求遠，先讓買過你產品的顧客、朋友，喜歡關注你的社群臉書動態。

　　你或許會問，如何確認打造了一百位鐵粉圈呢？我認為有兩種做法最直接：第一，經營社群一段時間後，舉辦

「線下付費」的小活動，看有多少人願意參加？第二，每天觀察社群參與度高的人是誰？也就是常來按讚、留言、互動的人，釐清他們為何願意關注你，與你互動？什麼樣的內容吸引他們？若難以釐清，可以試著抽樣幾位一對一訪問，找到可優化的細節。

階段② 擴大圈子，人拉人擁有五百位活躍粉絲

接下來進入第二階段，積極養成五百位活躍粉絲！當你擁有前一百位鐵粉，要擴大五百位活躍粉絲就不難。只要強化「口碑分享」、「推薦參與」、「加強互動」三個行動，就有機會創造五百位活躍粉絲，讓你每次的發文，都有超過百人次響應。

怎麼做到？每一次舉辦線下活動或課程時，設法讓參與者願意主動分享，最好的口碑，絕對是參與者發自內心撰寫的真摯心得、故事、圖文、標籤（Tag）；甚至，參與者願意為你邀朋友加入。

階段③ 微型網紅，一千位粉絲的意見領袖

要成為一呼百應的意見領袖，除了持續前述兩個階段，進入第三階段要做好兩件事情：「給予」和「連結」。

給予，是要針對鐵粉提供實際的幫助，例如：貢獻專業，在線上給予一對一諮詢，或者為他們做出有價值的直播，頻繁互動，增進彼此關係。

連結，是讓成員彼此之間增進關係。身為牽線人、重要樞紐的你，讓粉絲、成員彼此有機會認識、交流、合作，一旦連結的點跟點愈多，串連的關係線也就愈緊密。這是因為，若只是單靠你和單一成員的一條線來維繫，社群關係就極為脆弱，隨時可斷，但若因為牽線讓粉絲與粉絲間建立新的「關係網絡」，便會強化對你的認同、信任關係，進而形塑正向的社群圈文化。

記住，重要的是「誰」在看，如何讓「誰」消費升級，從關注你、喜歡你、追隨你，到主動消費你提供的有價產品、服務，這才是真正高含金量的社群圈粉力。

走入人心的三個妙招

　　走入人心，很難；留住人心，更難！

　　數年前，我和崴爺聯手出擊，到國際知名品牌「巴黎萊雅」L'Oréal Paris 指導一群店長如何行銷。那一次分享，我談到了自己的理髮師 Tommy——我家在淡水，有位非常專業的理髮師 Tommy，時間一久也成了朋友。Tommy 同時也是我的讀者，他買了我的第一本書《為何只有 5%的人，網路開店賺到錢》；讀完他問我：有沒有省時、省力、省錢的方法來經營客戶？

　　「怎麼可能？」那是我當下的直覺反應。然而，我剪完頭髮、回到家，仔細思考 Tommy 的問題，這應該是很多「小老闆」內心的疑惑吧？後來幾次剪髮，我和 Tommy 愈聊愈多，這才發現並非絕無可能；而如今，靠著這一套費時討論的「走心術」，Tommy 已經開了三家店。

接下來，我想以 Tommy 的「理髮行銷練習」為例，談談走入人心的三個妙招。

 拒絕罐頭，回歸感動

剃刀快速從我臉龐劃過，每次理髮我都會跟 Tommy 聊天，也問他：現在用什麼管道來經營客戶？

「留客戶資料，每當客戶生日再發優惠簡訊。」Tommy 說。

「是不是可以反過來，不要用冰冷的罐頭簡訊，而是成立自己的臉書。和顧客搏感情，讓顧客成為你的粉絲之前，你得先成為顧客的粉絲——讓他們感受到：這位髮型師在意顧客。」我說。

一般而言，男生大概是每個月剪一次頭髮，女生也許時間再拉長一些。常有髮型設計師會在臉書貼出自己的大作，但對於多數顧客來說，並沒有感覺（也許頂多在內心輕嘆一聲好看），畢竟，每個人的頭型都不一樣。

我請 Tommy 分析臉書朋友的資訊，從中挖掘潛在客

群，用人拉人，但不能堂而皇之地公開貼文，而是採用私訊，給顧客尊榮感。譬如發現臉書朋友的太太生日，與其用「壽星免費洗」的冰冷行銷，不妨客製化私訊，邀請客戶太太來洗頭。

因此，走心格外重要。「走心」二字就是以三言兩語，往顧客的心裡走去，留下印象，落實在行銷上。Tommy 開始使用臉書，再一一邀請顧客加他臉書好友，堆疊信任度。信任二字，說來簡單，但光是加臉書還不夠，得讓臉友覺得「有感」，譬如 Tommy 在剪髮與我閒聊時，透露有買我的書，我便請他拍張照、在我的臉書貼文底下留言，這樣就會讓作者（也是顧客的我）牢牢記住。」

儘管 Tommy 經營臉書，卻沒時間創作太多文章，我建議他：分享什麼文章就會決定自己是怎樣的品牌——那會讓人留下記憶。除了理髮、美髮相關的專業，內容一定要有個性化，說直接點，就是要「說人話」，讓人們聽得懂、又帶有感情。

此外，也應該多想什麼樣的內容是顧客想要知道，對他們有幫助的？如果能在分享過程中，幫助到顧客，那就是最好的做法：你應該認知到，賣產品不只要促銷產品，而是告訴顧客，產品能夠幫助他什麼，或是給他一個情境，讓他在潛移默化中，記住在什麼樣的情境下會需要這個產品！

這也呼應了你我可能對於冷冰冰的優惠簡訊，完全無感。一旦加上名字，在自己生命的特殊時刻傳來，便有可能多看一眼，這簡單的「多看一眼」的動作，不只是觸動人性，也觸動商機。

如何理解，自己發出的分享文是否有說人話？有感情呢？你可以試著在寫完之後，自己逐字逐句好好唸一次，如果感覺就像是跟朋友在對話，那就是抓對重點了！反之，如果像是銷售員在促銷產品，不像朋友之間會談的內容，那便是生硬的廣告宣傳，也就不會是吸引人的文案。

從單行道，變成雙向道

多數的專業人士，要在網路上汲汲營營，追求虛幻的網友，是很不切實際的。唯有面對面，才會知道客群中每一個人是誰，如何認識我，打招呼都能聊上兩三句，有人泛稱是「溫度」，但那更是人我之間的經驗與記憶，讓抽象的想像能變成具體的魅力。

認同什麼、關心什麼，就會分享什麼，想要跟別人溝通，應該先了解他會關心什麼，從他關心的事物出發，才能夠走進到他的心裡，讓他為你分享！所以企業應該認知到，分享的本質就是：**價值理解、傳達訊息。**

Tommy 在這一點做得非常成功，儘管他沒有時間留言、耕耘文章，卻會趁空檔去看臉書朋友（客人）的最新發言。我太太去找他剪髮時，我在一旁偷聽，發現Tommy 常跟她閒話家常，很自然聊起彼此的臉書生活，他的溫暖，讓我的太太也「帶髮投靠」，改由他幫忙打理頭髮。每次預約，我們不是用電話，而是用臉書私訊——慢慢養，把顧客當朋友，也散發自己的個性。久而久之，

顧客每個月去剪髮，不只是消費，也等於是跟朋友敘舊。

回到 Tommy 的案例，可以看出：單向請客戶拍照、打卡，效果可能有限，畢竟，那是去脈絡、沒有故事的「流程」，溫度很冰冷；對知識型的工作者，或是專業人士來說，訴求「一群人持續付費」，有心要經營用戶或是自媒體，除了生活分享，接下來，還是要與「自身專業」產生關聯。

若愈寫愈好，有自己的寫作風格，也就建立了某一種強烈的「個人身分認同」。久而久之，形塑了「個人品牌」與連結出自己的「認同圈」。這就是，身分認同的積累，也是社群連結更多人的認同擴散。

我認識很多在職場上努力奮鬥的人，有一類人是不會說故事、不懂表達，只懂得埋頭苦幹，最多領一份匹配的薪水，但跳不出一個好身價；另一類人則是懂得運用說故事，將他對自身行業的理解寫出來，而且持續寫，愈寫愈好，發表在自媒體，譬如臉書、部落格、網站上。

像 Tommy 這樣的髮型設計師，如果問我，他的下一

步可以再耕耘什麼？我會建議他：在臉書分享自己與顧客間的互動，深化自己的故事力，用漸進式的目標，設定自己的文章，可以先從十人、五十人、一百人、五百人、一千人……別一開始就設定太高遠的目標，而是逐漸地往上累加。

這是一個正向的循環。

當他寫作連結愈來愈多美髮業高手關注追蹤時，他也開始掌握話語權，持續下去，就成了該行業的意見領袖之一，甚至形成一個高含金量的「流量池」，圈出了一群清楚的行業目標受眾。

 讓更多人，加入擴散行動

不少 KOL[8]（意見領袖）認為，要走入人心，就要鎖定目標顧客，但這樣就夠了嗎？若能走進員工、其他意見領袖的心，讓他們為你「造勢」，效果更棒。

很多員工不是不願意分享自家的產品，而是因為沒有給他們分享的誘因、或是沒有時間。舉 Tommy 的造型工

作室為例，員工不一定是不想分享，而是有其他原因讓他無法分享，所以，Tommy 該給員工時間，讓他們去思考和分享產品、課程，或是也可以跟員工說，由你帶來的顧客，給你抽成，提供誘因刺激他分享。

透過這些方式，讓每一位員工都成為影響者！

除了員工，從顧客圈中找出意見領袖，請他代言，也是很好的方式。本書在最後，也會觸及 Key Opinion Consumer[9]（關鍵意見消費者，KOC）的分析。進一步來

8　KOL，意見領袖（Key Opinion Leader）的簡稱。要能成為意見領袖，當然不是易事，意味著此人在特定專業領域、議題中，有發言權及強大影響力，不僅被認同，甚至可能推動、改變群眾的決定。要提醒的是，「粉絲數字」並非判斷 KOL 的唯一標準，還要看互動、平均按讚數，倘若有破萬粉絲的 KOL 發文，按讚卻零零星星，那可能代表他的粉絲已經是「殭屍」了。

9　KOC，關鍵意見消費者（Key Opinion Consumer）的簡稱。他們樂於分享各類好物、自己的生活，無形之中「帶貨力」驚人，KOC 可能有其特別熱愛的領域，也可能不侷限於某一產品或領域。相較於 KOL，KOC 沒那麼叫賣，不硬性推廣卻更容易影響消費決策；近年來，年輕族群對於 KOL 的推薦不再那麼反應熱烈，反倒更願意相信 KOC 正反兼具的建言。

說，要做好「社群分享行銷」，可以<u>連續問三個問題</u>：

① 顧客為何想看？

引發顧客注意，往往是他會在意、感到有趣新奇、覺得對自己有益處，或者他可以因此解決他所遇到的問題。

例如：促銷的優惠訊息，顧客常會忽略不看。但如果換個方式，從「顧客為何想看」出發，就會變成：Tommy的新造型可以讓你出門好整理、省下多少時間（益處）？跟上什麼國際造型趨勢（最在意的事）？

② 看了會有什麼新認知？

如果顧客看了，會對舊有認知的人事物產生新的理解，就會吸引顧客關注。因此，要先贏得顧客關注，進而觸發顧客分享的第二步，就是思考每一次臉書分享文，是否讓顧客獲得「新認知」。「新」意味著與「舊」相比後，有明顯的不同，產生新的了解。

例如：假設 Tommy 要推廣新的護髮商品，可以賦予一個新的認知，就是找到顧客會在意的明星、藝人，或者

顧客關注圈子的意見領袖，竟然也用同樣商品，這就不只是個護髮商品，而是意味著更多「投射感」，不僅對顧客有了「新認知」，也是又做了一次「身分認同」的強化。

③ 有了新認知後，為何會想跟別人分享？

　　做到以上兩點，你已經擄獲顧客的眼球和心理層面，接下來就是誘發行動分享的最後一擊！顧客之所以主動分享的原因很多，但最常促使顧客展開分享行動的催化劑，跟「對他人有利」有密切的關係，如「價格利他」的分享，因為這折扣是非常吸引，也不是常有的；「發現利他」的分享，因為這可能與我們既有認知不同，看了這則分享文，會獲得新的啟發。例如：每天花十分鐘，有效率整理頭髮的方法，顧客發現這事利己也應該利於他人，主動分享的意願就會提高。

　　總而言之，你不只是要瞭解顧客的消費特性，還要了解目標顧客的行為，才可以找到最走心的內容。要補充說明的是，發布時間點也很重要，也許你還不熟悉顧客的行

為模式，那我建議在不同時間發布幾則訊息，觀察流量的變化，藉此了解顧客何時最容易關注你。

　　像是媽媽族群，多是在晚上九點半、十點後關注貼文，那正好是媽媽們忙了一整天，終於得空喘氣的時段；上班族則多在下午五點之後滑手機，因為接近下班時間，想趕快下班的心態讓他們拿起手機，心情放鬆下，也最容易走心。

三種 fu，召喚粉絲站出來

為什麼人們願意主動「分享」？

2013 年 11 月 15 日，「喜願基金會」（Make-A-Wish Foundation，另譯美夢成真基金會）與舊金山市府、警局等「串通」好，為罹患白血病（血癌）的五歲男童邁爾斯（Miles Scott），達成他成為蝙蝠俠，打擊犯罪的心願。在這一天，讓舊金山變成高譚市（Gotham City），讓邁爾斯大展神威。舊金山全城總動員、配合演出，甚至連《舊金山紀事報》也印製特別版，更名為《高譚市紀事報》（Gotham City Chronicle）。頭版頭條新聞標題就是「小小蝙蝠俠拯救了城市」（BATKID SAVES CITY），一連串的打擊犯罪安排，就是為了完成「小小蝙蝠俠」病童邁爾斯的心願。

舊金山市民的舉動，讓漫畫、電影裡的高譚市，在真

實的舊金山實現，也讓人見識了一座城市可以多麼光明多
有愛！整個過程拍成影片，被上百萬人瘋傳分享，也被各
媒體大幅報導。

這讓我們重新思考，人們願意主動「分享」的動機根
本為何？

一個動人的故事？一個全民動員的運動？還是為罹患
白血病幼童圓夢的義舉？如果可以找到激發人心「分享」
或「討論」的普遍指導定律，通過「分享」發揮影響力
量，就有助於理解如何創造「分享」，成為一種有價值的
影響力行銷！

絞盡腦汁、精心製作了好內容，卻老是擔心沒人分享
或討論嗎？試著在你的內容裡加進以下三種元素，扭轉這
個局面。透過了解消費者的微妙心理，教你如何讓粉絲自
願替你分享。

▌限定 VIP 的專屬感

獨享的尊榮感受會讓人有種「我有，你沒有」的優越

感，這種感覺會讓人想炫耀，一旦他在朋友圈裡炫耀，也就達成你的目的——這個內容就被分享出去了。

每一年微風之夜，就是專屬名媛的奢華派對，不僅吸引大量媒體免費曝光，也塑造了微風將自己品牌定位為高檔、奢華的時尚百貨。知名保養品牌 ReVive 也針對 VIP 客戶，定期舉辦護膚保養會，只有消費到一定金額的 VIP 客戶會收到護膚會邀請函，可以免費享受一次 SPA 服務。

另外，電信業者也推出 VIP 獨有權益，台灣大哥大對於「鑽彩貴賓會員」提供多種服務，包含每月免費觀看線上電影、享有熱門新機的優先出貨權。中國大陸主打海外品牌商品直購的小紅書，將快遞紙盒以亮眼的紅色搭配不同文案、標語，也成功讓訂購會員感到獨有的驚喜。

從以上例子，你會明白若想做好「限定 VIP 的專屬感」，就要掌握好三個條件：

- 有條件地讓某一群目標客群參加，不要毫無限制條件地求多而不精。

- 設定明確的主題，讓參加者對主題派對充滿期待，並在活動中塑造驚喜。
- 針對整體視覺、場景布置、禮物巧思、人物來賓做細緻規劃，因為每一個設計都讓人會想拍照分享、成為話題。

群體活動的參與感

很多時候「參與感」會和「主題性」連結在一起。一個主題性強烈的活動容易讓人產生參與感，像是紅極一時的 PUMA 螢光路跑，只要跑完全程，就可以獲得一面螢光獎牌，路途上還可以收集螢光信物兌換活動獎品。

除了主題性，配合「具體成就里程碑」能讓人更有參與感，NIKE 就推出 NTC（Nike+ Training Club）、NRC（Nike+ Run Club）的 APP。上面有百種以上的運動計劃與教學，做完整套專業訓練後，還可以在 NRC 上打卡，與其他跑友分享實際跑步的里程數和運動軌跡。將線下活動與線上串連，讓人在不知不覺中，替你的品牌分享！

從以上例子，你會明白若要做好「群體活動和參與感」，有個必備要件就是：創造參與的成就感，並讓他能在社群上公開展現。就像遊戲關卡，過關就有獎勵。因此，未來要舉辦任何活動、廚藝料理、競賽遊戲等，都要設法讓參與成員取得「具體成就感」，不只留紀念，也能幫你在社群上「展現成果」，擴大活動口碑效應。

▌線下見面的歸屬感

英國諾丁漢特倫特大學的研究指出，人們幸福的關鍵是因為「歸屬感」。感覺自己強烈屬於某個社會團體的個人，比起沒有這種感覺的人，來得更快樂、滿足。這不僅是個心理學研究，更可以應用在產品上。

小米的產品尤其強調「歸屬感」，以前企業只當你是消費者，現在小米跟你說，只要買產品的人彼此都是好朋友，特地為「小米好友」舉辦的促銷活動，就叫做「米粉節」跟「爆米花節」。

除了舉辦特定主題活動，透過給予特定稱呼拉近彼此

距離，也是很常見的經營粉絲的方法。知名美國歌手 Lady Gaga 就稱呼歌迷「小怪獸」，不只是建立歌手與歌迷的親密感，更讓粉絲間有個共同的語言，彼此更親密。

從以上例子，讓我們體認到「歸屬感」是想強化一個社群圈，擁有緊密關係不可或缺的關鍵因素。

打造高歸屬感的群體有個共通點：就是要有一個高度使命感。回到個人身上，你有清楚的目標嗎？有沒有更高的價值想要帶給追隨你的人？使命，非關能賺多少錢，而是因你的社群影響力愈大，能幫助更多人變得更好。

每一天，
都推動品牌累積

　　美國 NBA 馬刺隊的球員休息室，掛著已故丹麥裔美國人的社會改革家雅各布・里斯（Jacob Riis）的一段話：

　　「當一切努力看似無用，我會去看石匠敲打石頭。可能敲了一百下，石頭上連一條裂縫都沒有，但就在第一百零一下時，石頭斷裂為兩半。然後我了解到，把石頭劈成兩半的不是最後那一下，而是先前的每一次敲擊。」

　　專業人士能成為「爆款」，是突然爆紅？還是一點一滴地累積？我想毋須贅言，應該多數人都可以理解：與其期待「千年一遇」的機運，不如歸因於「培養了持久好習慣」，也就是「複利效應」。

　　只要每天保證比昨天好 1%，兩年之後就可以創造一千四百二十八倍的收益──複利，是股神巴菲特成功的關鍵，應用於自我品牌。如果能找到對的方向，證明可行之後，堅持下去，複利就會是你的好朋友；反之，如果經常調整，複利效應便一點一滴流失，因為每一次調整，之前的積累都歸零了。

　　「複利效應」決定了，每天哪怕只有極其微小的進步，只要有耐心，都能在同一個方向上持續地進步，就會收穫巨大的成果。

▋設定創作鬧鐘

　　為何多數人覺得「好習慣」很難養成？染了「壞習慣」還不自知？主要原因是：多數人放棄養成好習慣，往往是因為認為「進步是線性成長的」，但事實卻是努力的成果經常姍姍來遲。你努力付出未得到相對回報，你認為應該「發生改變」，實際上卻沒有變化，而導致放棄，回到惡習、舒適的舊有軌道上。

其實，「精熟需要耐性」。當一切努力看似無用、似乎沒有任何進展，事實上你可能正經歷突破潛伏期，你做的工並沒有白費，而是被儲存起來，只有等到「足以釋放的突破點」時，你就會整個大爆發！

這讓我想到，國際大導演李安，十年一覺電影夢，他背後付出的點點滴滴、孤獨黑暗之時，沒人注意。但他沒抱怨自己的努力沒帶來成功，堅持而不斷讓自己累積能量，最終決定了李安導演國際認可的偉大成就！

然而，你我終究不是李安，該如何推動比昨天好1％？第一步，為自己設定「創作鬧鐘」，如果要成為內容經營高手，要建立一個好的習慣暗示。例如：每一週，我再忙也會寫一篇一千字的文章，發表在個人臉書。我告訴自己，每週寫一篇，我就是「作家」（哪怕距離這個目標還非常遠）；你先得認同自己，才能「變成你想成為的樣式」。

先創造環境，可以更快養成好習慣。

以我自己而言，為了養成「寫作習慣」，每週四我會

把鬧鐘調早上五點，以此「提示」我固定要啟動「每週一篇寫作」。起初很痛苦，久了就習慣，哪怕寫不好，但至少我的行為改變了。漸漸地，我開始在前兩天洗澡時，就會在腦海中提前構思，這週要寫什麼主題文章呢？要維繫住怎樣的自我品牌定位，才有機會形成討論、進而擄獲目標受眾的注意力？

發文並非多多益善，「價值」和「頻率」建議同時要考量清楚。價值高低，取決於粉絲、用戶的反饋，能否讓你的品牌「從平面變立體」。有時頻率愈高，反而可能會磨損專業，甚至讓觀者覺得「厭煩」，那就適得其反了。

人終究是懶惰的，要養成習慣，自然要有誘因，才能一直走下去。我的方法很簡單：早起寫作之前，泡一杯咖啡，給自己十分鐘（不能再多了）滑一下臉書，作為一種寫作前的儀式；當我寫完、分享在臉書後，會犒賞自己一頓豐盛的早餐，讓我享受並持續寫作。

養成寫作習慣，關鍵不是每次「花多久時間」寫，而是「花多少次」來建立習慣——每週一篇，每一次的時間

長短不一定相同，但一週一定要給自己一次機會，每個月四篇就會逐漸變成自動化的習慣——請聚焦在「次數、頻率」上，而非每一次「時間多久」。

透過寫作持續在一個方向輸出有價值的內容，以我的經驗而言，只要方法對，快的話，六個月內，就會擁有一個專業又有人氣的「自媒體」。如今，有網路就有商業模式的當下，說得商業一點，你可以憑藉著強大的「寫作力」，引來各式商機與賺錢模式。透過寫作積累有影響力的內容，甚至有不少人個人身價大漲，讓你不以時薪計算工時，而是一篇文章就可獲得上萬元的贊助，一個自媒體帳號價值數百萬，一個推薦影響數千、數萬人。

如果你知道有人在看，其實你會更快成為「寫作高手」！一次次朋友的反饋，都是最大的掌聲，而聰明的寫作正是「複利效應」的典範，那巨大影響力可發揮在職場、人脈、溝通、自我品牌等，無所不在。

▌用 PDCA 優化社群經營

經營社群一陣子後，很多社群經營者都會碰上這個問題「不知道要怎麼讓社群更好？」我會建議可以利用品質管理循環 PDCA 的方式，持續優化社群！以下，我將介紹 PDCA 的步驟，照著這些步驟一步步做，讓你的社群經營再進化！

P：Plan 提出計畫、目標

先問問自己，經營目標為何？這裡說的目標可以根據涵蓋範圍，切割成大、中、小三種（詳見右頁表格說明）。

D：Do 小規模測試執行，放大成功模式
C：Check 修正後找出正確方式

第二步「測試」和第三步「修正」是同步進行的過程，所以放在一起說明。在粉專上，不管是貼文、短片影音、直播或是測試活動，都要不斷地檢測受眾反應，透過具體數字的反饋進行修正。找出哪些不好後，不只要做到

改善，更要不斷反饋、持續測試，累積小小的成功，再複製成功的模式做下去。

大目標	中目標	小目標
你的產品必須帶有清楚的使命和願景	「建立用戶關係」與「商業模式」的融合	必須是可檢視的具體數字
如果你的產品跟瑜伽有關，那使命就可能是「專為愛瑜伽人士服務的社群」。舉星巴克為例，星巴克的使命不但是宣揚咖啡的深厚傳統，更是「啟發並孕育人文精神——每人、每杯、每個社區皆能體會」。	最好能夠建立用戶間的關係，因為共同的興趣、職業等，產生連結。例如你經營的是瑜伽館，那你的用戶會想看到什麼內容？該怎麼用這樣的內容跟他們建立關係？讓一堆不愛瑜伽的人加入很容易影響商業品質，所以搞清楚目標客群，並確定這群用戶與你的商業模式密切相連。	以一週為單位進行規劃，透過設定小目標，可以知道每一週應該做到什麼，才能完成中目標，進而實現大目標的使命。

　　例如：挑四篇這兩週內發布的短文，用以下三個具體檢測指標，比較四篇短文的相同與差異之處。

標題	內容	用戶
哪一種標題最受人關注／最少關注？	哪一種內容互動效果最好／最差？	哪一種人愛跟你往來／鮮少出沒？
按讚數多寡是一種檢測指標。試著找出讓目標用戶關注的「下標技巧」，歸納出「哪幾種標題」比較容易有共鳴感。	容易引起留言、互動數多寡是一種檢測指標。試著找出你的用戶喜歡的互動行為，然後針對不同目標用戶做出好的社群互動活動、發文。	是否可以辨識跟你積極互動的人是誰？他們對你的認知、想法又是什麼？哪一些人是追蹤你，但少有互動？原因為何？試著去檢測，並且去理解個別加你朋友的人的社群動態、社群行為，才能真正找到你跟他們相處、交流的最好模式。

A：Action 持續整合資源

　　很多人認為社群經營只是行銷的事，但這是錯誤的觀念！社群經營不會只是行銷或特定部門的工作。社群經營還可能與客服、研發、業務部門等有關聯。

　　為什麼這麼說呢？業務在第一線接觸客戶，最能夠聽見顧客真實的聲音，如果購物流程不方便，就要由業務來改善。只要有人購買產品，不論產品多好，難免會有顧客抱怨，此時，「顧客服務」部門就要發揮功能，解決顧客問題並收集顧客意見提供給「研發部門」，讓研發單位針對產品的問題做調整。

　　套用在個人社群經營上，你就能明白，一個好的社群經營就是你的事業，而一個事業要做得好，就要在各種角色、功能上做到盡可能的完備。若把個人社群分成前、中、後來思考：

社群前端／ 第一線	社群中端／ 活動中	社群後端／檢討
理解、洞察客戶並做出即時回應	改善每一段社群交往的過程	解決性、創意性、創造性的積極作為
掌握客戶愈清楚，就能了解誰是好客戶（你該做出更積極的作為，好讓他持續關注你）、誰不是你的客戶（直接捨棄而非討好）、誰是潛在客戶（應該設法拉近距離，建立信任關係，培養成你的忠實客戶）、誰是積極型客戶（他們是最好的口碑大使、最佳的推廣者，要設法讓他們感覺被重視，甚至被特別款待）。	把每段過程有效拆解，釐清可以怎麼優化、改進。試著降低「阻力」，讓客戶覺得你貼心；有效解決問題，將複雜變簡單；將簡單的事重複做，變得更精緻；將更精緻的事，變成你在社群活動中最大的賣點。	吸取每一次失敗的經驗，為將來做出改變，好讓下一次的社群服務、活動，資源配置可以更好，具體解決前次的問題，甚至展現新的創意、創造更棒的社群行動。

　　以上整個過程就是優化的步驟——訂出前、中、後目標，在達標前不斷測試。

▎ 為何 KOL 發布的商業文可能沒人看

常見一些 KOL 平常在社群發文時，人氣及粉絲互動表現都很好，一旦發布商業文（業配文、廣告推文、廠商置入推薦文）便人氣銳減、沒人看、沒法變現。到底哪裡出了問題？如何解決呢？

首先要了解，若你是個品牌廣告主，想委託 KOL 做行銷，主要目的無非是希望獲得以下三種結果，或者至少一種：

・大量曝光，提高知名度：

一位擁有百萬粉絲的 KOL，你希望他針對行銷的發文至少要讓十萬人看到。（但得到的結果卻是只有不到一千人看到）

・激起話題，贏得好口碑：

你希望透過 KOL 點燃特定社交圈，熱烈討論產品，甚至提供「贈獎產品」，企圖博得更多好口碑、好評的反

讚。（但結果卻是引來一群只對抽獎有興趣，對產品興致缺缺的過客。）

·成交訂單，真正賺到錢：

你若是網路賣家，肯定希望找位有影響力的 KOL 來背書推薦，提高銷量，增加成交訂單。（但結果卻常是有人氣沒買氣，貼文的互動也許很旺、人氣頗高，真正願意付錢買單者，卻寥寥可數。這就像你吸引了一大群人來，卻只是群眾圍觀，沒人願意掏錢購買。）

這時我們不禁想問，好不容易找到看似合適的 KOL，但發了商業文就完全失效。到底是出了什麼錯？該如何發文才不會激怒粉絲，又能讓粉絲想看、參與，甚至激發購買意願？不論你是廣告主、或者是想成為 KOL，「如何做好商業文」都是避不開的功課。以下是我的四點建議：

① 沒個性，就難成意見領袖：

　　發文一定要有意義與個性觀點，才有人格魅力，也才能吸引認同你的粉絲追隨者。無論是網紅、KOL，若失去原本「個性」，就會像失了靈魂，失去本性，難以喚起粉絲對他的認同。

　　什麼是沒個性？沒人格魅力？簡言之，一位有個性的人，絕對是「有所為、有所不為」。沒有個性的人常常是什麼都好，沒有自我的主觀意見。也許主觀意見會帶來一群不喜歡你，甚至黑你的人；但若你的主觀意見，富有個人魅力，同樣會吸引一群認同的人。有個性的人，絕對有「自己的價值主張」，表現在每天的社群發文、互動、行為上，以及親近與你相同的人，遠離背離你價值主張的人。當社群影響力愈來愈大時，自然會有討厭你、親近你、追隨的人出現。

　　還有一種狀況是，有些個人社群的發文只是加了一段推薦商品的文字，沒有任何個人的「個性化觀點」推薦，效果必然大打折扣。倘若你是品牌廣告主，在找 KOL 時，絕對要對其個性有一定程度的了解，你可從 KOL 平

常的發文與粉絲互動中找尋蛛絲馬跡，或是親自參與發文的互動，從 KOL 如何對待粉絲中體會。當你愈是了解想找的 KOL，就愈能跟 KOL 討論，如何利用 KOL 原有的「個性化」，有意義地將產品帶到 KOL 的素材中。這才能讓產品與人格魅力融合度、契合度發揮到最大！

② 沒人看，請小額投廣告：

　　臉書發文自然擴散的觸及率，已經低到離譜！其實，投放小額臉書廣告，是快速增加觸及人數的做法。不少 KOL 接了廣告案件，就會聰明地將獲得報酬的 10～20％投放到臉書廣告，好讓該則貼文，被自有粉絲看見，並增加貼文互動。畢竟，要靠單純的自然貼文，自行被分享擴散，依臉書專頁發文的自然觸及率平均只有 1～3％，已十分困難！因此，當你已經投入資源在社群上發起活動，或找 KOL 口碑發文時，建議你再花點錢投放廣告，讓這個活動或分享口碑文接觸到更多感興趣的人，拓展更多的目標客群。

　　切記，每一次投放廣告後都要追蹤成效，試著讓自己

的每筆投資能夠更精準打中目標客群，達到最終的行銷目
的。當精算過的投資，愈來愈能掌握實質產出的結果，這
對你的社群經營就是一筆划算的支出。

③ 沒亮點，會很難推薦：

如果找了 KOL 做置入性行銷、口碑行銷，成效卻不
佳，先別急著把錯都推給 KOL。要先釐清問題的根本原
因為何？

我做了十年 KOL 口碑行銷，每年看了上百個案件。
找 KOL 行銷失敗最主要原因，絕大多數是因為品牌廣告
主不了解產品本身「亮點」所在。所謂「亮點」，就是「<u>為
何顧客一定要選擇你的產品？而不選擇其他競爭對手的產
品呢？</u>」這個問題有時不認真想，還真不好回答。但我建
議你一個好方法，開跨部門動腦會議，把做產品、負責行
銷、業務銷售、市場調研的人，甚至買過你產品的顧
客……統統找來。從各部門的角度出發，各自在紙上寫出
自己的答案，敞開心胸地發表看法。仔細聽取、記錄不同
部門的看法，值得推薦的產品「亮點」常會在這激盪的討

論過程中出現。最後，只要整理出最重要的特色，清楚陳述，再跟 KOL 討論。唯有 KOL 對產品的了解愈深刻，精準切中產品確實能解決顧客痛點，KOL 才會有跟產品和粉絲之間最對味的推薦文章或影音。

④ 沒對位，感覺契合也沒用：

最後一點十分關鍵，因為有可能你找的 KOL 打從一開始就不適合推薦產品。我遇過非常多情況，是 KOL 粉絲人數很多，互動也不錯，但推了一個不合適的產品，效果自然不好。

例如：一位 KOL 平常都是介紹旅遊美食，三年下來培養出二十萬粉絲。這時想開旅遊課程的旅行社邀他擔任講者，雙方合作看似很契合吧，於是這位旅遊美食 KOL 在粉專上發文寫道：「限額五十名，每位粉絲只需五百元，支付場地費、茶點費，就可參加喔！」

結果，當天確實是來了五十人，但評估最終成效卻是不及格的。原因在哪裡呢？因為這五十人中超過 70％ 是二十五歲以下的學生族群，其餘不到 30％ 則是三十歲左

右的上班族。

　　但旅行社舉辦的講座行程，主要訴求是高單價的歐洲之旅，一人起碼十五萬起跳，最合適的族群應該是三十歲以上，有存錢（閒錢），每年至少一次國外旅遊，月薪五萬以上的白領階級。一群錯的人來，這樣的講座再多人來也沒用，這就是找的 KOL 所面向的粉絲族群「沒對位」。

Step4

賺

獲利是需要練習的

如何讓你的知識與專業，有人買單？
為自己創造被動收入，影響力之大，
甚至有人自動找上門──
賺錢的欲望，可能是你選擇本書的關鍵，
但從「圈粉」到「變現」，還有一段路。
在這一章除了靠自己做好「變現練習」，
也可仰賴為你穿透同溫層的經紀人，收成最豐碩的果實。

要賺錢，練功三部曲

你相信「練習」還是「天賦」？」這是安德斯・艾瑞克森（Anders Ericsson）在《刻意練習》中，給讀者的第一個提問，書中不斷強調：「天才與庸才之間的差別不在基因、不在天分，而在刻意練習！」

天賦固然重要，但我相信，就像武俠小說一般，吸取前人總結的有效經驗，掌握「套路」也是成就蓋世武功的一條路徑。

對於專業人士來說，大公司是吸收套路的好地方。一家公司能有系統地培養某一類人，說明這家公司在該領域有與眾不同的套路，換言之，畢業後，躋身大公司是有價值的。

然而，除非你要在大公司待一輩子，否則最好不要超過五年，為什麼？因為大公司教你套路，同時也會把你

「角色化」,讓你漸漸變身系統的一個小螺絲釘。此外,創業也毋須一味複製大公司的套路,套路是可以讓你更有章法地展現自己,但光是靠套路,頂多成為第二個強者,難以成為絕世高手。

 ## 刻意練習的九種方法

接下來,我將以「知識課程講師」這個工作為例,談談可以刻意練習的九種方法。無論你是業務、小老闆或是SOHO,都可以試著運用。「天才」可能萬中無一,透過正確方法練習,練習一萬次,你我都有機會變身「地才」!

① 研究:找尋可以借鏡的經典個案

以「知識課程講師」來說,要一步登頂,並非易事,尋覓領你入門的師傅,也可能要靠機緣,但是「網路」讓我們可以更有效率地去找到「第一」。因此,將經典的線上課程一一分析:哪一堂課程賣最好?可能原因是什麼?

有沒有可以進一步師法之處？試著研究、自問自答或是找朋友討論，一定可以挖掘出值得借鏡之處。

什麼是值得借鏡的經典個案？以線上付費課程、知識付費課程為例。我認為可用下表這三個衡量指標來判斷。

產品賣得好	市場口碑好	圈子專家同時看
市場上同樣類型的產品中，銷售特別好的那一款。	從排行榜上的口碑評論巡視，也是一個線索。很多好的線上課程，可從不同平台排行榜上發掘。在排行榜上不只購買人數多，從購買者的評論可看出有多少人想推薦、評價為何。	一個好課程的購買者不只是需求者，還有該行業的專家。如果被圈子專家拿來研究、推薦，那這產品或個案就會是值得分析的經典。

② 拆解：把自己當攝影機

直接到現場聽一下「夯課」，其他老師怎麼教？第一時間聽，可能分辨不出好壞，但聽了三、四位講師，有比

較自然會知道。用自己的話「點評」，想像大腦是攝影機，在課堂上錄影、截圖三十張，細緻地拆解環節，每一分鐘拆解，刻度愈細，愈能抽絲剝繭如刑案現場──

是哪一分鐘打動了你，是用問句？還是用怎樣的講話方式？又是哪一分鐘讓你恍神？講者說了些什麼？你可避免重蹈覆轍？

記得一個環節、一個環節來檢討。例如：線上課程開場白有二十秒，第一分鐘決定是否讓人繼續想看下去。那你就要針對開場做細部地檢討，刻意擬稿、反覆練習，而且說給目標客戶聽，聽到他們覺得會想再聽下去才算過關。這就是為什麼魔鬼藏在細節裡，而細節做好就是你隱而不顯，卻極為關鍵的勝出之道。

③ 反饋：找顧客、專家反饋

以我自己創立的「大大學院」來說，每位老師要登台前，全公司員工都會先扮演學生，打造殘酷擂台：是哪個環節聽不懂？又是哪個環節可以更精進？

台下的聽眾也可以進一步區分成兩種，一是目標族

群，直接測試內容是否夠吸睛，也可檢視取哪一部分可以放大、行銷；二是專家，就如同評鑑米其林餐廳的祕密客，味蕾已經靈巧無比，內行人看門道，不只看內容，更會看儀態。

反饋好壞也有差異？好的反饋，就像好的教練，可以清楚指出眾多問題之中，最關鍵的問題在哪裡？只要解決一～三個關鍵問題，就幾乎解決了 80％的問題，其他20％只要稍微調整，自然就會有九十分以上的高水準表現。壞的反饋，就像改了十幾個小問題，但真正核心的大問題都沒有解決到，哪怕花費極大的精力，產出的效果也可能只有一點點進步。卯足全力卻始終在表面皮毛上解決問題，終究達不到最大效果。因此，要請人反饋，一定要找對人、找願意跟你說真話的人、找願意直指關鍵問題的行家。

④ 模仿：先跟著做，再創造

對於專業人士來說，要講述的內容當然是自己的長才，但也可以考慮去線上搜尋 TED 影音[10]，學習一位位口

若懸河的專業人士怎麼開場、怎麼鋪陳。多看幾位,思考自己適合哪一種,當然也可以綜合運用。

模仿不是抄襲,而是學習前人、前輩、名師、教練,已經經歷過種種錯誤後,歸結出的最聰明途徑。你只是避免踏上錯誤的老路、省掉不必要的迂迴彎道,跟著學好的技巧、熟悉基本必備的原則,打下好的根基後,再自創武功。這就是為什麼要把一件事學得快又好,都得先要求自己讀經典、先找對的老師指導、先觀摩再創造的原因。

⑤ 實驗:小步快跑測試

找周邊十個人,可以免費或是採小額付費,這樣封閉的一個小團體,讓講者可以大鳴大放,在自己專業未成熟時,了解實驗階段最真誠的聲音,快速行動,快速驗證,

---

10 TED 是 Technology、Entertainment、Design 的縮寫,即技術、娛樂、設計,這個非營利機構召集科學、設計、文學、音樂等領域的傑出人物,分享他們對於技術、社會、身而為人的思考和探索,從 2006 年起,TED 演講影片被上傳到網路,是自我進修很棒的素材。

「從做中學」便是這個意思。

　　小步的意思，就是不用計畫得太完整，不用花太多資源、資金、人力，短時間內就可以啟動去做，做錯了也不會有大風險。我在三年前，曾經為了了解「線上付費音頻」產品該如何做，上網買了許多知識付費的音頻課程。但我認為，要徹底了解就必須動手去做做看，而且要「模擬」趨近於真正可販售的「產品」。於是我花了一筆錢，找專業的撰稿人、專業的配音員、進專業錄音室，實際錄製了四支各十分鐘的知識音頻產品。錄製好後，給我的團隊聽、給專業人士聽、給目標客戶聽，確定這個測試產品若放到市場上，會不會有人願意買、願意花多少錢買。這個過程總共花了我三週時間，結論是這個階段做「知識付費音頻」產品並沒有足夠付費市場，客戶也還沒有習慣付錢購買，獲利不足也無法支持我們持續做下去。

　　不過，這個「小步快跑」的測試過程，卻是比我們開再多的會議、做市調、只是扮演消費者體驗別人相同的產品，來得更精準、更快驗證是否要全力投入執行。從實驗中獲得寶貴的經驗，也是獨一無二，最能說服我們是否採

取行動的做法。下次當你想投入一個事業、打造一個產品、提出一項新服務時，不妨先用「小步快跑測試」，拿測試的產品去探究是否可行，這絕對是風險最小、最佳的實驗方案。

⑥ 突破：追問五次／找方法

試著挑戰自己大腦或身體，這是思考的訓練，也是與自己的賽跑。哪怕已經講得很好，也可試著自問哪裡可以更好？挖掘出改進之處。例如：我的行銷同仁說要做一場直播，我連續追問五次「為什麼？」以釐清他是否想清楚直播行銷的目的與價值。

通常第一次問為何要做直播，多數人會回答，讓產品曝光，若是賣線上課，則是增加線上課成交的可能。但我又接著第二次追問，你認為這場直播有多少人看才叫好？為何有人會看了就想買線上課呢？通常在這時候，沒有想清楚的行銷人員就會打住，被我退回了。

假使他能清楚回答，第三次我就會追問這樣直播的做法是最好的嗎？有沒有其他直播的操作方式？假使，他提

供了三種不同直播操作方法，並能具體分析各自的優缺點與最終選項，我的第四次追問可能就是，預計投入多少人力、資源、資金來做這場直播？若有兩倍的資金來做這件事，成效會不會加倍？或更貼近你預估的成效？

當以上四次追問都能清楚回答後，最後一次追問，我可能會說如果提供額外的資源，可以有更進一步、更好的直播效果嗎？

以上的五次追問為什麼、如何更好，是針對每一次行銷思考、產品思考、社群思考等刻意練習，讓思維更完整的過程，值得你每天反覆套用在各個關鍵問題上來訓練，對你解決問題的能力有極大的幫助。

⑦ 錄影／錄音：重看檢討，記錄需修正的問題

不論是實體課程或線上課程，「自己的觀眾自己當」也是不錯的練習方式。記得我初登板時，曾自己架攝影機全程錄影，重看時發現語助詞好多；下一次登板，我就會提醒自己，講話必須更精準。也是透過這樣的練習，我才知道「開頭」的重要，必須在三至五分鐘內，迅速提一個

聽者會關注的問題，進一步與聽者的日常生活產生連結。

　　如果你打算「刻意練習」做好社群直播、錄製專業線上課、拍攝吸睛的短影片，我建議一定要學習回放影片，拆解每個段落環節、看見問題點，才能找出具體的優化方法。例如：我錄製直播時，不僅會回放，記錄我直播時的肢體動作、語言用詞、互動技巧，還會寫一份「改進清單」，好在下一次直播時避免老問題再發生，精進每一次的直播技巧。若意識到習慣動作難改，必須「刻意」調整，然後反覆提醒自己避免再犯，你才會真的讓這件事步入專業。

⑧ 找人：突破高原期

　　要從 B 咖晉升為 A 咖，找人一對一指導，尋找比自己厲害又願意傾囊相授的高手，絕對是一條捷徑。一般人看不出來的，A 咖教練可以敏銳察覺；同樣的，B 咖也要放下自尊心才能更強大——我有一位講師好友，儘管內容紮實，但敗在開場，無法在五分鐘內打動人心，我為他請來 A 咖反覆指導、嘗試，最後終於突破瓶頸，成功越級。

大大學院簽了許多 A 咖名師，哪怕線下課教學經驗豐富，在直播技巧、知識付費內容錄製上，都要重新打磨。而最快的捷徑，就是一對一指導。因此，每一位 A 咖名師在大大學院打磨好一門線上課，至少需要四個月的刻意練習。每一堂課的市場調研、課綱、文字稿、錄製、社群經營、行銷操作等，我們都會跟老師一對一討論，明確告知如何改進可以更好、哪個部分需要加強練習。說的話要好懂秒懂，要在限定時間內精準表達內容，所舉案例可能適用於線下課程，但不適合線上課程。這些都是透過一對一指導或有團隊幫助老師找到盲點，才能正確完成！

⑨ 專注練習：撥出固定時間，排除所有會讓你分心的事

鮮少有講師上台（或上鏡頭）之前可以不用寫講稿，就連經驗豐富如我，也要先準備好大綱──因此，寫出有專業、有價值的好內容格外重要。

當你對一個技能自滿的時候，就代表你遇上無法突破的天花板！職業選手與業餘選手的差別，就在於專注刻意練習，點滴細節所累積的差距。而讓自己有段時間固定刻

意練習是最有效的。例如：我做直播說書，且每週固定一個時間做，每次修改調整、優化，持續半年後，明顯有了進步和改善。相反的，如果我只是偶爾想到才直播說書，那成果絕對差強人意，進步絕對非常有限。

簡言之，這九種套路像是「標準作業程序」（SOP），能為你快速複製專業，不斷練習也就能更上手。

成為頂尖者的一萬個小時

該練習多久，才叫上手？

科學家從音樂家、運動員、小說家到圍棋選手……大量的調查研究中發現一個數字頻繁出現：一萬小時。

作家麥爾坎・葛拉威爾（Malcolm Gladwell）在《異數》（Outliers）一書中指出：「人們眼中的天才之所以卓越非凡，並非天資超人一等，而是付出了不斷的努力；一萬小時的錘鍊，是任何人從平凡變成超凡的必要條件！」具體來說，十年時間每週練習二十小時，大概每天得花三

小時。

這個數字看起來挺恐怖的，但對於正在閱讀本書的你而言，不妨閉上眼想想：有沒有哪種項專業，是你真的練習時數達到一萬小時？它可能就是你的武器；如果沒有，那有沒有哪件事是你願意投入這樣的時數，慢慢累積？

要成為好手，只靠套路，有機會成功；但要站到最頂峰，必須讓每一個微小的動作加疊起來，累積練習時數，屬害到可以在眨眼間就判斷對與錯、好與壞；否則，說起來頭頭是道，做起來卻不到位。

販售一個好產品（或是自己的知識），是發想、快點做、驗證的過程：「發想」是創意概念，譬如要做好直播，應該先把必須做到的每件小事列成清單；接下來，重整排序，什麼是最重要的亮點，什麼樣的細節難以執行，好好做一遍；再來，設立指標驗證，何謂好，何謂不好，現階段一百人看直播就足夠好了，接下來是否可以拉高到三百人？透過刻意練習、快速行動，一次、兩次、三次，再去驗證，這就是進步的過程。

舉「知識課程講師」這個工作為例子，該如何設立驗證指標？可以試著用問卷，五顆星評價就是好；或是聽完之後，如果有學員願意推薦朋友來報名，這也是好——檢討以後再優化、重複，這些「細節清單」愈長，愈能檢驗，一萬個小時看似遙不可及，其實在一天天的練習中，離我們並不遠。

從「想很多」到「想更遠」

A 咖通常不只想很多，也想很遠。那要想多遠呢？不只是想這一個月、這一年要賺多少，而是三年、五年甚至十年後的自己，可以採取怎樣的獲利模式、持續推進？長線思考是形成複利效益的第一步。

以我接觸過的專業人士而言，長線思考可以區分為兩大類，一是「人生價值思考」，二是「變現思考」。前者是想影響更多人，對社會有更多貢獻，賺取成就感，尤其當專業人士進入不同的年紀、有不同的人生思考，特別會有

「價值導向」的自我期許；後者毋須多加解釋，就是從獲
利出發，讓錢滾錢。

讓顧客回購你的專業，
五個致勝要訣

　　對耕耘者而言，不會只追求一次性的收成，而是希望永續的收成，於是「回購」格外重要。一般人容易在意新客戶，事實上，培養一個忠誠顧客所得到的效益，遠遠大於花更多行銷精力在全新的顧客上。

　　重視忠誠顧客關係經營，有三大好處：

① 忠誠顧客更願意花錢

　　忠誠顧客會比新客戶更願意多花二～三倍的錢在你的產品和服務上，但我們甚少提出針對「忠誠顧客」的經營計畫。比起忠誠顧客，一般人較傾向思考如何拓展新客源、更想知道新客戶在哪裡。但對忠誠顧客的了解，常限於購買的當下，之後也較少投資在他們身上。

② 減少銷售與說服成本

無論是企業或個人，在拓展新顧客時都會花費大量的支出，包含：人力費、廣告費、行銷費。但抓住新顧客喜好，其實比抓住老顧客所需要的成本、時間更多。因為，你熟悉老顧客，老顧客也對你有一定的認知，在向他們推銷新品時，你實際花費的成本會更低。

③ 最佳的口碑推廣者

當老顧客認同你、你的產品，乃至於你的企業時，他們會更願意主動宣傳、推廣。事實上，最好、最有效的行銷，也是來自第三方顧客真心使用的推薦文，一篇好口碑的文章、一個願意背書推薦的訊息，遠勝過你花錢做廣告、降價折扣促銷。

我相信你已經明白忠誠顧客經營的重要性了！針對老顧客，開始提供更優質的忠誠度計畫吧，比起陌生開發來說，提升營收的效果更強。因此，切勿「顧新失舊」——抓住老顧客的心，是致勝的關鍵，以下是五個制勝要訣。

要訣1

主菜、小菜、甜點都美味

對於消費者來說,「專業本質的定位」是回購的強烈因子。要產生獲利,你必須清楚「產品三道菜」,這是讓顧客回購的核心組合:主菜做精、小菜做新、甜點做多。

先說說主菜,是顧客為什麼會來的主因——主菜就是你的招牌菜,甚至是占營收 70～80％的重要明星產品。在思考顧客回購之前,一定要確立你的金字招牌專業是什麼,這是一切的利基點、一切的根本。

如同〈Step1 爆〉所提醒,你一定要搶個有利的位置,也就是說,在顧客心中要有一個清楚的產品定位,而不要推出一堆產品,每樣卻只有七十到八十分的平庸分數。在主菜上一定要做最精,讓人有九十分以上,甚至是滿分的感覺,譬如冠軍牛肉麵、王者咖啡,你也可以是「金牌律師」,或是「最強新娘祕書」。搶第一,凸顯出你的專業比別人的更厲害。

如果拿不到冠軍,也可以在「第三方口碑評價上」凸

顯強項，用大量的口碑評價建立好名聲。不論是搜尋引擎上的口碑第一，或是找強而有力的專家名人推薦，都是具體的做法。

其二，是小菜，在顧客每次造訪時會有新鮮感，增添你產品故事的加值點，就像在餐廳吃飯，除了主餐之外，「小菜」也是顧客評分的標準之一。這裡的小菜不見得是指主菜之外的「產品」，增添「亮點」的小菜可能是一種強而有力的「價值服務」。例如：排隊名店海底撈，在服務上不斷求新求變，像是美甲、按摩等，這獨特的口碑當然不是賺錢的主力產品，卻是顧客源源不絕的重要賣點之一；又或是優衣庫 Uniqlo，規定每家店裝潢有一致性，一定要「挑高、明亮、走道要寬敞」，塑造特有的舒適空間感，讓消費者感覺與其他服飾店格外不同，也是一種強而有力、喚起記憶，讓消費者在閒暇時去逛逛的加值點。

同樣也創造獨特的空間，星巴克運用輕鬆的爵士樂，創造你在工作、家庭之外的第三個體驗空間。除了空間設計，如果你是常客，服務人員會記住你的名字，讓你感覺

到賓至如歸。這些看似微小的細節，都是一種強而有力、促使顧客回購的價值服務──假如你是「星巴克」，不妨自問一下，還記得多少互動頻繁的鐵粉名字呢？

「甜點」則是顧客預期外的驚喜，意味著你在特定節日、服務環節刻意創造的主題氣氛，帶給顧客心情感受。長期做，可能會變成主菜和小菜之外，另一個讓人口耳相傳的亮點！

燒肉名店「乾杯」，多年來維持一項傳統活動「八點乾杯」。每到晚上八點，全部的店員與顧客會一起乾杯，而「親親豬五花」也是吸引客人的賣點之一，只要兩人親嘴，就免費贈送一盤豬五花──第一次來的人可能會覺得這些活動是種驚喜，但長期下來就成為店家特色，之後回訪變成消費者的習慣，甚至是願意對旁人推薦的理由之一。要特別注意的是，儘管甜點對於回購相當加分，但畢竟不是主菜，別忘了要有好的主菜，才能更襯托出甜點的美味！

產品三道菜：讓顧客回購的核心組合

主菜	小菜	甜點
你在顧客心中清楚重要的地位。	讓顧客覺得你在服務流程上，有一個強而有力的附加價值。	賦予了顧客意外驚喜，更會讓人黏住你。

 慣性養成

　　顧客回購不一定是因為新產品或服務，而是他養成了一種「慣性」——習慣跟你買東西。培養慣性只有一個要點——找到產品與顧客之間可以喚醒的「場景」，也就是你必須找到產品和顧客之間的「共識點」，在共識點上，建立「喚醒場景」，讓慣性養成。當你讓顧客黏住，顧客就不容易變心，慣性回購就會被啟動。

　　舉通路來說，全台最密集分布的 7-ELEVEN 就在「便利」這個點上施力頗深；因此，你會知道 7-ELEVEN 不見得是賣最頂級品質、最便宜的產品，但肯定是最方便的，

尤其在台北市，它幾乎無所不在。

再舉產品為例，Airwaves 超涼無糖口香糖則選擇一個明確的慣性養成定位點，主打「嚼醒一下」。當你身處需要醒腦提神的情境時，開車睏、加班睏、K 書睏，便容易自動聯想到該產品——同樣的，當你以專業知識，在顧客心中建立起「問題解決者」的形象，倘若他們身陷法律、財務、職場等種種問題，第一時間會想起的「救星」是你，就代表你已成功養出消費者的慣性。

在這個「消費者對於商品資訊的掌握可能已經超過業務」的時代，其實要成交訂單，除了要比消費者更懂，同時要思考「建立持續的關係」。不論是社群媒體，或是留下深刻的印象，一旦關係建立，便容易先被顧客想到，原因是：他可能知道你的臉書或 LINE，方便快速把「你的專業」與「消費行為」連結在一起，不少網路上知名的達人、意見領袖，就是這樣深獲消費者擁戴，換句話說，這就是「信任型銷售」，而不是強迫或者是低價賤賣型銷售。

持續優化購買流程：順、快、感

在「顧客購買流程」上持續優化也會幫助回頭客的回流，想要優化購買流程，你可以掌握三個原則：

① 順：購買流程順暢無礙

順暢除了指購買流程的動線順暢，也要注意使用平台的方便性，像是手機行動購物方不方便？此外，容不容易找到客服？客服回應快不快？這些都是加速「順」的關鍵。而除了電話，LINE、臉書也是讓消費者容易找到你的工具之一。

② 快：省時間，勾起消費欲望

快不快是有比較基礎的。假設以前需要一小時的服務，現在只要半小時，就會很明顯地替產品或服務加分。麥當勞在 1986 年領先市場引進「得來速」服務平台，24小時提供服務，不用下車停車就可以快速買到餐點，得來速也是喚起「開車餓了，但不想下車」這個想省時間的

「場景」（有時候明明不餓，看到金色拱門也就餓了）。設計的慣性流程，將你引導進入麥當勞內。

③ 感：創造體驗

「覺旅咖啡」內湖二店提供內建 Wi-Fi 和插頭、不限制用餐時間、室內空間超大，創造一個舒適的放鬆空間給顧客，同時也推出「覺旅社群創作廚房」服務。簡單來說，就是讓顧客自己動手做餐點，全程不會有工作人員告訴你該怎麼做。

消費者在覺旅不僅僅是買咖啡、買服務，更是買經驗，而「動手做」這個經驗是顧客想跟別人分享的價值——如果可以創造出顧客願意購買的體驗服務，便可以吸引顧客回流。

 一次溝通一個痛點

也許你的產品有很多特色想要推廣，但要記得，每一

次與消費者溝通的痛點，都要保持簡單傳播；簡單才會好記，深入人心才能夠與消費者溝通。

我曾經幫萬應白花油做行銷，白花油的老闆非常懂得「溝通痛點」這回事，白花油的痛點很簡單——蚊蟲叮咬就使用萬應白花油。也許你有注意到，白花油的廣告都很類似，他們只做一個清楚穿透人心的溝通，就是「萬應萬靈、帶白花香味的藥油」，但講得很清楚明白：你不應該期待讓顧客完全地理解產品，而是讓顧客透過一個「簡單」的點就可以了解。

痛點溝通切記：一次溝通一個痛點，一個痛點持續累積會變成一堵高牆，讓同業難以跨越；別太貪心，溝通一堆你的專業知識，否則不僅難以攻占消費者的心智，也無法累積讓顧客回購的動力。

 給顧客分級服務

給顧客尊榮感，說穿了便是「差別待遇」，以此吸引忠誠顧客持續上門——因此，想要刺激顧客回購，設計一

套獎勵忠誠度計畫（Loyalty Program），提升回購率相當重要。

最為人知的就是航空公司及信用卡業者互相配合，無論是購買機票，或是信用卡消費的紅利點數，都能轉換成飛行哩程，這對精打細算的消費者來說是非常具有吸引力的。替顧客分級有四種方法：

① 購買「頻率次數」分級：

許多飲料店常用的集點卡優惠就是這個概念，像是累積購買三次，可免費兌換一杯飲料。

② 購買「單次消費」分級：

誠品書店推出會員卡制度，就是以單次消費做累積；只要會員卡有效期間內，至誠品通路不限金額消費滿八次、或累計消費滿一定金額，就自動續享會員權益一年。

③ 購買「持續累積」分級：

星巴克的熟客回饋計畫「星禮程」，將會員分成三級

提供不同優惠，累積星星越多、獲得回饋越多，用這樣的
方式吸引顧客不斷回購；一方面拉攏忠實顧客，一方面也
避免單純以價格吸引會員的問題。

④購買「會員」制度分級：

好市多限定會員才能消費，利用持有「會員卡」與否
區分消費者，透過收取會員年費產生基本會員，再提供相
對低價的產品回饋消費者，讓消費者覺得自己的購物「件
件超值」，因此願意不斷回購。

當你行銷自己的專業時，記住，要依產品屬性來做顧
客分級，還要注意以下三點：

- 用戶門檻太高、太難達成是不行的。
- 用戶與非用戶間要有明顯差別，要讓消費者認為加入會
  員有其價值。
- 時時讓用戶感受到意外的驚喜，創造「尊榮感」。

　　這些方法都可以讓顧客變成你的「資產」，並非取得顧客資料後就好了，下一步是「活化資產」，提高與用戶接觸的頻率，深化彼此關係，建立一種顧客習慣你，並不斷想起你的好感力。

用知識轉換現金

　　除了置入性行銷，知識訂閱不失為專業人士另一重要財源，可以切入線上影音，又可以跨足出版、演講。起步是，你擅長什麼便從那一領域開始，無論是寫作或授課，都可以是知識付費的開始。

　　我認為，要吸引人有訂閱的「誘因」，無非是讓消費者可以買三樣東西：第一、買最新：如讀新書、每日星座、實用新知；第二、買時間：自己來做這一件事情需要耗時，如很夯的「聽說書」，便鎖定沒時間又想趁通勤時間吸取新知的上班族；第三、買價值：出於專業人士的人格魅力、傳達獨特有料的內容。

台灣知識訂閱平台閱兵

訂閱制，不妨將其視為「傳統雜誌」，雜誌訂閱需要縝密分工，以及通路、中間商、發行、行銷管道。只是訂閱制在智慧型手機時代，更普及、更多呈現形式，小額付款也更推波助瀾。

不過，不少人對網路原生內容，第一手的接觸都是免費，再加上資訊爆炸，注意力難以持續，就容易產生退訂的問題；至於一次性買斷的課程，因為有確定的知識與課程主題，對於平台來說，負擔相對輕一些，這也是知識型網紅相對主流的線上付費收入來源。

以「一次性收費」來講，主要經營課程的知識訂閱平台，包括大大學院、Hahow 好學校、MasterCheers 大師線上影音課、YOTTA 等平台，都有線上課程。我統計過，大約看到七次廣告才有購買意願，因此，每一筆「知識販售」訂單約收一千八百元，大概要花四百元行銷，才有機會成交。

另外，則是訂閱制，大大學院有全台灣最多人訂的說

書，聚焦職場人士，PressPlay 則包羅萬象，從理財知識到 YouTuber 阿滴、囧星人，堪稱應有盡有。要提醒的是，訂閱制一旦開啟，這樣的承諾，需要由團隊來維繫，包括客服、介面等，否則獨木難撐大樑，要持續走一年、兩年、三年，產製可長可久的知識內容，並非易事。

如何打造一門熱銷的線上付費課？

要定價，得先知道人數的天花板在哪裡，接下來，才是問這些人的荷包胃納。

先談談人數，依照目前暢銷雜誌付費用戶約一至三萬，我估計，台灣聽說書的天花板約三萬人，人數要再往上衝，說服成本就會愈來愈高。以大大學院而言，購買過一次線上課的人，一年內有 18％的顧客願意再買第二檔線上付費課程，這個忠誠度的比例已經很高。也因此，當作者開設第三門線上付費的課程，若針對同一群人時，一定要想辦法擴大族群或跨領域做「轉彎」，否則會被有限的目標客群天花板所壓制。

　　想像一下，當一樓都滿了之後，便要掀開天花板，不是蓋樓梯，就是要破壞整個建築物結構，這便是「轉彎」。當王力宏從台灣歌手，到亞洲天王又轉戰電影，他的族群已經一層層衝高──沒有掀開天花板，只是耕耘同一群人，就算再忠誠，也是會嫌膩的。

　　至於定價，知識可視為「精品」，絕對不可用成本定價，建議定價可把握三原則：一、考量定價的天花板，這是市場的願付價格；二、必須考量行銷、宣傳預算，讓更多人知道，我個人會預留 10～20％的預算，作為行銷成本（建議新人要再墊加 5％，如此才能讓更多人認識）；三、與市場同類產品相互 PK 的定價，尤其是同一人推出線上、線下實體課程，更是要做出差別取價。

　　坦白說，定價的「天花板」其實仰仗經驗，這要看產品屬性，也要看消費族群，以產品屬性來說，如果線上付費的課程超過兩千元，要讓人願意掏錢購買，不太容易，因為根據我的經驗，兩千元是線上付費課的上限。

　　每一次大大學院在打造線上課程時，都會先徹底探詢市場上相類似、熱銷產品的價格，我會用以下十個關鍵問

題，釐清每一套線上產品，勾勒出清楚的第一定位、決勝差異點、主要目標訴求、凸顯價值特點：

① 市場

舉出三個最具代表性的同類型產品？目標對象、價格、通路分別為何？哪裡做得好／做不好？

② 需求

同類型產品有哪些賣得很好？滿足了哪些人的需求？

③ 痛點

線上課程的購買者想解決什麼痛點問題？

④ 差異

線上與線下課程，兩者最大差別在哪？這個主題的線上課，有哪些是實體難以取代的？

⑤ 名師

該課程可以找誰來教，最有代表性、市場性、可信度？從名師的背景、戰績、出版、現有客群或獨特價值，去深挖出最佳人選。

⑥ 內容

跟這個主題有關的華文線上課程中，賣得最好的內容是什麼？或從出版品中找尋值得參考的三本經典暢銷書，並且做出自己的亮點，不一樣的具體實用價值。

⑦ 轉譯

線上課最困難的是如何「轉譯」，以符合一聽就懂、不只懂更有新啟發、有了新啟發還能好記不會忘、記住了又可活學活用。例如：《好懂秒懂的財報課》花了五個月的時間打造，就是設法讓每一堂課在十分鐘內，可以將內容講得生動好懂又能用得上。

⑧ 行銷

　　每一門線上課最好事前就能先設想如何做好行銷。例如：這門課推出後，線上直播可以找誰一起推薦？要不要做線下活動？這些人要不要事前先體驗這門課的內容？該邀請誰來參與線下活動？

⑨ 財務

　　很多人忽略投資報酬率，在整個線上課打造的過程中，無法有效控管開支，建議在行銷上更要做好管理，才能把課賣得好又真正賺到錢。

⑩ 定位

　　「第一定位」是綜合以上釐清後，一定要再次確認的。太多線上課定位模糊，會導致鎖定的目標對象不清楚、傳達的價值與需求不一致、廣告行銷素材的文案與視覺呈現上也雜亂無章，沒有讓目標對象可記憶、感興趣的一貫訴求。

　　至於線上付費音頻比起線上付費課程，我認為付費音

頻市場，更顯得嚴峻、不好做。目前台灣付費音頻一檔定價約在一百至三百九十九元區間最多，但目前為止線上付費音頻還是很難推廣的原因是，沒有「影像視覺」、沒有清楚的「IP 個人形象」，加上市場充斥著「免費廣播」、「免費播客」（Podcast），使得免費與付費之間的界線十分模糊。消費者因為難以清楚掌握「價值」，自然難以主動願意付出相對應的「價格」。

▌ 評估買氣的五度思維

進一步探究無論是購買知識型付費產品或線上付費課程，大概有五個衡量的痛點：產品好不好、價格貴不貴、選擇多不多、便利（能否立即享用？介面是否友善？流暢性如何？）、效益（瞄準痛點）。

第一，產品好壞，是跟市場既存產品定錨、對比。例如我要開一堂課程，便可和既定課程對比內容，有沒有更精煉、更有重點，老師是否是「第一定位」，是目標受眾的首選；抑或產生新組合，產生新品類，不同領域的專業

人士聯手出擊，讓人眼睛一亮。

　　第二，價格貴不貴？如果同類的課程，價格有顯著差異，線上課程若是一次性付費，一般而言，兩千元可能就會使人卻步；三十歲也是一道分水嶺，建議目標群眾一旦鎖在三十歲以下，門檻建議降到一千五百元。

　　第三，選擇的數量，也就是稀有性。如果選擇很多，定位是否清楚？

　　第四，便利性。是以不同的介面，或者不同的呈現形式，讓使用者無論用閱讀或者收聽，都可以汲取知識。

　　第五，效益。最直觀的，是看「之前」、「之後」是否有立即的效果？其二，則不妨有線上測驗、線上作業，老師再給予反饋；或是頒發認證、檢定；抑或是在線上課程之後，能夠有線下的延伸，如講座集結同儕，也可讓專業人士與目標族群有更深一層的互動。

小生意賺大錢：
圈對粉五個實踐步驟

　　本書一再提到，「圈對粉」比粉絲數量多寡來得重要，只因為對的粉才會為你的產品和服務付費；對的粉，能讓你集中精力，給予最多的附加價值。以下我將「圈對粉」提煉出五個實踐法則，幫助個人、企業經營者都能透過這套模式，真正賺到錢。

 ### 好記、好聯想、好上口：用力想出對的名字

　　無論你想在網路上賣什麼產品，如同本書一開頭所闡述，務必先釐清品牌定位，成為行業類別中，顧客心中的第一，這是圈對粉要能賺到錢、社群變現的首要關鍵。無論是美甲、理髮、賣保養品、SPA 或各種服務，都要讓品

牌清晰、好記。

　　至於那些專業度明晰的領域，如醫師、律師、會計師、講師，也建議深挖主打的「關鍵字」，如此一來，才容易從眾多同業中脫穎而出，容易被人記住。

　　思考品牌定位或強打的關鍵字時，可以用「好記得、好聯想、好上口」這三個標準來判別。舉個例子，當我在思考做線上學習平台時，投注最多時間的一環，是思考如何為品牌命名，別小看名字，在說服顧客時，會有如虎添翼的效果，當時，我與團隊開好幾次動腦會議，列出了近百個與「學習」有關的名字，最終，決定取「大大」這個名字。

　　原因不單是「大大」好記，上網查「大大」這詞，大家會怎麼聯想這兩字呢？過去的社交，習慣用「請問各位大哥、大姐」做問候語，但網路時代只有「暱稱」或「帳號」，根本不知道對方是男是女，漸漸的，「大哥、大姐」變成「大大」，再隨著時間流轉，「大大」成為虛擬世界中，特定領域的高手、大人物──這也與線上學習平台只找行業的 A 咖名師、超級暢銷作家的 DNA 不謀而合。於

是「大大學院」就變成我創業品牌的起步，也延伸出「大大讀書」、「大大課程」等線上學習產品。

那你的呢？小生意要能賺大錢，先為品牌找一個好名字，同時找到對的關鍵字，甚至用一句口號就能勾魂攝魄，圈對粉是紮根於「清楚品牌定位」，記得你，便是第一步。

 ## 步驟 2 鎖粉：由核心到外圍層層不放過

確立品牌定位後，下一步就是本書提到的「鎖」，資源有限，先鎖定一千位「準目標客群」。鎖好，就是滿足他們的需求，掌握以下三個「鎖粉」關鍵衡量指標，就能使一批用戶挺你、買單，並且開展更大的生意。

① 鎖住 10% 的核心層

先找付費過的顧客（鐵粉、超級用戶），來加入粉絲團。假使，你的顧客多半是在線下維繫關係，就要設法讓他們加入線上的社群粉絲團，資源愈是有限的企業或個

人，在經營社群時，千萬不要捨近求遠，老想著如何在社群發文、吸引完全不認識的陌生顧客；反之，聰明的捷徑是讓跟你親近、接觸過、買單過的顧客，成為自己的社群核心，讓他們享受加入社群後的益處。在人手一機、無處不社群的世代，距離顧客最近的那個人，能給予建議、獲取信賴，最有可能與顧客先成交。

② 鎖住 20%的中間層

　　每一次舉辦活動時，有一些參加、體驗過的顧客，他們不見得有付費，卻是「鐵咖」，這便是中間層，意味著潛在能成為付費顧客的一群人。以我自身為例：我常到企業授課、各大 EMBA 也常邀請我演講，我最後一頁簡報是讓大家掃描 QR-Code，請聽眾填寫線上回饋問卷，當他們填寫、留下聯繫資料，我都會二十四小時內邀請他們加入我的粉絲專頁，確保與他在線上有所聯繫。

　　「中間層」也許現在還沒成為忠誠的回頭客戶，也不一定有消費，但只要體驗過你的產品或服務，就該與他們聯繫，這是圈對粉時，圈得多而精最重要的一群人。

③ 鎖住 70%的外圍層

　　最外圍的「粉」，是社群上互為朋友、路過訪客的一群人，要鎖住他們，就要讓顧客關注自己臉書上的一言一行，即便尚未消費，也能保持好的關係。此時，要「主動出擊」得有技巧，既不能打擾，又要提升顧客對品牌的印象，使其升級為忠誠粉絲，下一步「社群經營」便格外重要，也是針對外圍層最重要的心戰策略。

 社群經營三合一：目標、內容、互動

　　社群經營要時時關注與檢視：每一次執行設定的目標、傳遞內容的價值、粉絲互動的回應，三者是否有高度的一致性。

　　很多人經營社群，卻無法變現或產生價值，問題出在：在社群上發文時，一開始就搞不清楚是寫給誰看——沒仔細思考「閱讀社群發文」的人，可以從中得到什麼？同時，你可能也未想過，每一則內容發出後，觀者會產生什麼改變？你與粉絲們之間，是否因為每一次發文、互動

之後，彼此關係、認知、好感度都有所提升。

　　寫出產生熱烈迴響、大量被轉發的文，確實需要刻意練習。在此，我想分享給每一位時間不夠、自認文筆不夠好或常常欠缺繆思來敲門的朋友，三種社群發文最有用、效果最好、人人都能辦到的技巧：

① 發文技巧一：工作日記

　　無論身處哪個行業，可以試著把每一天工作的重要想法、遇到的問題寫下來，並與同事、朋友們討論交換心得，從自身與他人經驗中，找到解答的蛛絲馬跡，然後再花半小時，用不超過五百字的短文，試著將沉澱的想法發表在社群上。

　　我認為這是一個利己、利他的社群經營起點！

　　每一篇工作日記可以幫你整理，遇到問題時，是怎麼想、怎麼做，又如何從中學到一些有價值的事，最後在社群上分享，非常可能會打中跟你有共同經驗的人，使其產生共鳴。每一個行業的高手、達人，都是從工作中遇到問

題，加以鍛鍊自己、提升技術而修煉成行業的大師。

你要用社群打造個人品牌，或讓經營的事業更上一層樓，把這些點滴寫下來，透過社群分享給更多人。不用怕一開始乏人問津，相信我，發文一陣子、愈寫愈上手後，自然會引起一批同好關注，圈對粉就是在小事上做深刻的分享，久了就會醞釀成一股社群力量。

② 發文技巧二：讀書心得

之所以找不到社群發文靈感，多數是因為對例行、固定做的事缺少刺激；透過閱讀，是最快的手段，也能激發你對同樣一件事產生不同的想法，進而開拓社群發文的聰明途徑。

讀了書，把自身的想法寫下來，就能將心得變成自己思考的一部分。例如：你很會做蛋糕、甜點、餅乾，想在社群上經營個人品牌，卻不知道要怎麼發文才會有人想看？吸引人？可以結合烘焙名家的書籍，結合自己的經驗，分享這些細節或知識點，這絕對是你社群內容創作最佳的靈感來源。

③ 發文技巧三：失敗、衝擊、特殊經驗的感受

人們都喜歡看別人反敗為勝的故事，跌倒之後，拾起一塊石頭，繼續前行的姿態也格外重要。

犯錯、不完美是自然，而社群上，試著說出切身之痛、學到的教訓，對他人往往會有極大的幫助。切記，社群內容的創作不是冰冷、千篇一律的制式作文，更毋須落落長，而應該清楚說明「挫敗與學到的一課」，長期在社群上發文經營，你會發現，長期記錄、發表出來的想法、日記、感受，日日積累，也就形塑出個人特質和魅力。

步驟 4 借力使力擴圈子：重要樞紐、意見領袖、推廣者

當前三個步驟都已經持續做、不斷優化之後，想要跳躍式擴大圈子、圈更多對的粉，必須找尋能幫助你的重要社群力量來源。

我在本書不斷提及，多留意粉絲中的行業高手，他們是重要的樞紐，可以幫忙推薦、分享，讓對的人關注你經

營的社群；這些重要樞紐在自己的圈子有一定的影響力，若能因這些高手體驗過你的好服務以及好產品，同時，你的社群發文內容引起他的共鳴，使其願意成為見證者、轉介者，那麼，一位關鍵樞紐絕對勝過數十位普通朋友的威力。

　　再者，也請多與網路上的意見領袖彼此連結，這對擴大圈子極有助益，不過，可先成為他的關注追蹤者，持續保持良好的互動，適時地利他但不求任何回報。做人愈是真誠，給予愈是無私，好的意見領袖一定會感受到，當你需要幫忙時，就有可能有意外的驚喜。

　　除了前兩種角色，可以幫助你走出同溫層，圈出更多對的好粉之外，也可以從顧客中，尋找願意主動推薦的口碑發動者。推廣者不純粹是顧客，還是樂意為你分享、關心生意的一群熱心積極的粉絲，可仔細觀察：社群上，誰跟你互動相對頻繁、熱烈、積極，請給予他們特別的待遇，讓他們感受到被重視、被禮遇的感覺，他們將成為你呼朋引伴、主動圈粉的最強應援團！

賺錢的商業模式：打造顧客心中的超級 IP

小生意要能賺大錢，最終，需要打造一個賺錢的商業模式。

產品、流量、轉換率、回購客，這四項指標不斷琢磨、優化非常重要。不過，在閱讀本書之後，你會明白：最熱賣的產品之所以能從競爭激烈的市場中勝出，不是單單仰賴產品好不好、品質優不優，更多的決定性因素，來自於清晰的個人品牌，進而讓顧客第一個想起你。

我教過許多年收入千萬的保險超級業務員，95%的陌生顧客，都是主動找上他、簽下鉅額保單，這不是因為他每天勤打電話做陌生開發，而是很多顧客只要想買保險、做保險諮詢，就會想先找「第一品牌」的服務人員。

無論是賣車、賣房子、賣家電、做直銷，都要在該行業想辦法爭得顧客心中的第一，不要覺得難，透過社群，不斷告訴顧客「為何你是第一」，用故事、專業、服務去

連結社群上數以萬計的潛在顧客，這就是個人品牌社群經營的勝出之道。

　　簡單來說，賺錢的商業模式就是要讓「你的品牌」透過「社群」快速讓你取信於人、成為目標顧客心占率第一的人選、產品或服務選項；再者，所經營的社群就是你跟顧客、粉絲拉近關係最有用、最頻繁的的橋梁、通道；過程中，好的社群關係就是一連串喚醒顧客、讓顧客愛上你的過程，而第一時間就能找到你。因此，你要不斷思考，如何讓自己成為社群圈中最被信任的那個人，打造自己成為顧客心中的超級 IP──於是，你將不僅會贏得顧客，還會創造讓顧客幫你介紹顧客的口碑漣漪，這個威力，絕對比傳統銷售模式來得更爆炸、更驚人。

附錄

① 經紀人正進化

② 企業與 KOL 的合作策略

附錄①
經紀人正進化

　　經紀人在對的時間，應該擬定策略，維持定位、服務且精耕的族群、加值、影響力擴散和滲透。

　　從部落格時代、圖文畫家，到今日的 YouTuber、知識工作者，過去的經紀人通常有兩大功能：一是幫忙引介商機，二是擔任中間人，築起一道防護網，議定價格，但如果只有這樣的功能，那可取代性很高──「紅牌」可能覺得利潤都被經紀人賺走，或是不思長進。尤其在台灣，經紀人和大陸、美國不太一樣。美國、日本、韓國經紀人制度相對嚴格，有諸多的法規限制；反觀台灣，經紀人的控制能力往往很弱。

　　就拿本書聚焦的素人 A 咖來說，經紀人之所以難以控制，一大問題是：素人 A 咖自媒體的內容、建立，幾乎是素人 A 咖自己辛辛苦苦建立；揮別過去蒼白的角色，而今，經紀人更重要的是「一站式服務」，包含定位、行

銷、內容製作、接洽平台、開拓付費用戶，最重要的是，挖掘出這些素人的秀異之處，無論好壞，都要檢討之後，再繼續走。

之前在台灣 EMI 唱片公司，一手打造「天后宮」的前董事總經理陳澤杉，納入蔡依林、孫燕姿等一線女歌手。我發現，他之所以能催生「天后孵化器」，仰賴的正是從頭到尾打磨、包裝；過去，我曾為他做網路行銷，也向他吸取娛樂產業這樣的思維。

而今，在我與專業人士合作時，會簽訂三年線上課程、訂閱的獨家經紀約，專注數位內容，合約不包括線下課程。以下歸納出我認為此刻專業人士「經紀人」應該具備的三大功能，但我想，這三大功能只是經紀人的條件，經紀人必須不斷進化，才有可能維持自身的江湖地位。

嚮導，領你衝破同溫層

知識經濟的時代，自媒體的擁有者常常視「自己」為主宰，經紀人要做的事情更多。第一個功能，我想是擴充粉絲的數量與來源。由於專業人士臉書的粉絲數通常沒這麼高，初步目標，我認為經紀人可以設定專業人士的鐵粉

為基數，也就是同溫層，然後成長 200％為新拓的粉絲。

　　舉個例子，對於文學、健康保健的專業人士來說，要走上「知識付費」之路並不容易，這並非沒有需求，而是健康保健鎖定的族群，常常會「不知道如何買線上知識付費」的課程，要不由子女代為採購，要不就是習慣在實體店面詢問。以我自己經營線上課程的經驗，便曾遇到有阿公、阿嬤來電詢問，不願意線上收看，要買有聲 CD，世代之間的數位落差，讓客服一個頭兩個大。

　　不如預期，並非無可補救，超級經紀的角色便由此浮現！就拿線上課程來講，每一天，都可以試圖了解「買的人是誰」：年齡、興趣、居住地區；而每一通詢問電話也很重要，尤其是退訂的電話，原因可能是什麼？觀看的流暢性欠佳？課程內容是否不如預期？這些都是優化、調整的重要線索。

　　回到阿公、阿嬤的健康保健需求，對於超級經紀人來講，便可以鎖定阿公、阿嬤的子女——三、四十歲這樣的族群，進一步衝出同溫層，但鎖定年輕一輩的族群，不代表就能吃到年輕族群這樣的市場。經紀人應該認清，這是宛如交男、女朋友，需要醞釀，否則容易淪為「千人響應、個位數字的訂單」。

　　經紀人在協助專業人士拓展新族群時，不妨先對談，深入了解其既定的粉絲歸屬於哪一類族群，然後串連旗下的專業人士，互相「讚聲」，畢竟，與其自我吹捧，由其他 KOL 幫忙站台，自然更有權威感。當然，互相拉抬的過程中，也應留意「年齡層」不宜差太遠，但「同溫層」也不能太厚，否則便失去「拓」的效果。

 ## 功能 2　增值，拉高 IP 的含金量

　　經紀人的第二個功能，是協助 IP 增值，拉高含金量，也就是讓粉絲數字、影響力進一步「變現」。

　　第一，我想經紀人必須認清「行銷是動態的」。因此，要變現，籌組一個團隊（專業人士、定位產品、行銷、拍影片、直播都缺一不可）格外重要，創意人員已難用單一廣告打天下，他們懂故事、懂定位，進而擬定策略，譬如搭配專業人士在對的時機開直播，隨時評估呈現的方式與內容、文章的內容與風格，不只是粉絲的噓寒問暖，而是讓人想買你的專業。

　　當我幫新一代小資理財教主及平民投資天后楊倩琳（Selena）推「小資理財」的直播課程時，起初，在兩、

三百人就停住了，團隊原以為，目標市場是領固定月薪的上班族，但那其實是非常模糊的勾勒；漸漸的，我們發現標的應該是要「領死薪水的股票散戶」。其實每個人選購課程，不見得是因為折扣券，也不是因為低價，而是因為這個課程可以解決自身的痛點或是朋友引薦——經紀人應該協助梳理清楚，才有可能強化變現力。

於是，我們馬上調整文案、廣告策略，重新鎖定一群慣於投資股票的小資族，最後用「股票線形圖」來打廣告，單則廣告就帶進五十萬元的業績——這都需要一直測試，每天看，每天調整。以我的團隊來說，四小時要馬上改出新的廣告，最後，也衝出一千五百人訂閱。

第二，而就成功變現，著眼於「長期品牌價值」的知識型網紅，仍應該花 80％的時間用於原本的專業——醫師照樣看診，科學家投身研究，理財專家當然也應該隨時了解市場動態，因此，經紀人協助專業人士抓穩長期品牌價值這一根龍骨、主軸。

在行銷上，要增進社群的互動、散播，常常會採用分享按讚，參加抽獎、拿折扣的方式，一旦操作不慎，就會降低品牌價值，壓低消費者於原價時消費的意願。因此考量長期品牌價值，經紀人不宜從折扣、價格戰出發，而是

應該思考盯緊團隊，花更多心力製作網路內容或是讓 KOL 做公益，出席一定高度的論壇，藉此增進消費者對知識 KOL 的好感度，不再是因為折扣而分享內容，而是由於認同這個專業知識而分享。

另外，以我自身擔任經紀人為例，也會協助專業人士彙整反饋的意見，了解參與活動、課程的人，想法是什麼？是否與這個專業人士的品牌價值相吻合；譬如企業家參與小型課程之後，學習到什麼？是否還想找這位專業人士做企業內部訓練？以我協助憲哥來說，在課程結束之後辦理「抽獎」，讓五位上課的人跟憲哥一起吃飯，強化品牌價值的擴散力，也讓專業人士更了解粉絲要的是什麼。

轉彎，協助專業人士拓展新市場

不少 KOL 的知識課程容易走到死胡同，第一堂課就掏空自己，不知道下一堂課如何「再創新高」。經紀人除了在起點時，便應該協助訂立三年計畫，也可以透過品牌的強強聯手，轉個彎，拓展全新市場。

「轉彎」是開闢一條新的賽道，而最難的是放棄既得利益，畢竟，在神壇上一久，往往更不願承擔風險、重來

一次──轉彎，總是得經過冒險、孤獨、低谷、煎熬，但這就是傳奇故事都會有的篇章！

但講師倘若「轉彎」，也就是發展人生的第二曲線，便涉及選擇、風險、投資報酬這三件事：選擇新的「軸」，至少要有 50％的熟悉度，否則都是極高的風險；另外，要避免選太窄的市場（如殺到見骨的紅海市場），否則就算做到第一，也會很辛苦，市場胃納根本不夠。

我曾認識一位線下課程的 A 咖講師，毅然決然脫離舒適圈，要改走線上知識課程，從群眾到鏡頭，他必須調整簡報、教學技巧，一路跌跌撞撞，我建議他思考轉彎，譬如地域上的轉變（A 咖講師已經攻占北部，他能否做中南部？）；抑或是有什麼產業可以切入，讓自己更占有一席之地？

舉個實際案例，我曾經建議心理學專家許皓宜一步步從心理學專業出發，攻占職場心理學、愛情心理學兩座山頭，後來，更與職棒明星球員周思齊一起傳授心智鍛鍊。每一次轉彎，身為經紀人的我，都會給予建議──這就是經紀人該做的，扮演「動態分析」的角色，與專業人士深掘同一族群更深的痛點，或是發現新的族群、另一條開闊的大路。

邁向「知識販售」的自我檢視量表

提問	自我檢視	市場驗證
定位清楚度？	·你是否聚焦在自己的第一定位嗎？ ·你有一連串持續深耕的作為嗎？	顧客是否認同你的第一定位，是否第一個就想到你？還是別人？
客群掌握度？	·你社群上的客群數量和質量好嗎？ ·每日互動率、每週活躍度如何？	你能一呼百應？ 具有動員的能力嗎？ （驅使顧客往某一個行為前進）
價值考驗度？	·你的顧客數與含金量有多少？	顧客因為你願意行動、購買的有多少？

附錄②
企業與 KOL 的合作策略

　　有企業主曾問我，手邊有一款即將上市的美妝保養產品，預計花二十萬元找合適的 KOL 幫忙銷售？但是檢視臉書，發現美妝保養的 KOL 一籮筐，該如何選擇，才能確保獲得好的成效？

　　這個問題，一直是品牌廣告主和 KOL 之間難解的課題，追根究柢，主要原因不外乎品牌廣告主想要花最少的錢，獲得最大的投資報酬效益。簡言之，就是如果可以花十元賺三十元，肯定要比花十元，只賺十元來得好。

　　至於 KOL 的想法則是：我的一篇發文應該值多少錢？KOL 的價格認定往往不是品牌廣告主在意的「投資報酬率成效」，KOL 認定的成效喜歡建立在：不違背良心、真心喜歡這產品，也不會跟平常發文的專業性質差異太遠，如此才不會讓粉絲反感，最終只要價格合理，就能接受廠商邀約推薦。

　　如此一來，我們便可以看出：品牌廣告主和 KOL 二者對「業配文」有一定程度的認知落差。

　　十年前，我第一次創業，推出台灣第一個部落客贊助寫手平台，堪稱是挖掘當時的 KOL，主要目的是幫助廣告主找到合適的部落客，以贊助媒合的方式，達成三贏契機：部落客賺錢——廣告主做到高效益行銷——中間平台則弭平了之間的鴻溝。

　　那一次的創業經驗告訴我：企業和品牌可以先以低成本嘗試，快速修正錯誤（顧客真正在意的事），捨棄不必要的（避免投入過多時間與金錢的浪費），再將對的事加以精進和放大，就能把低成本試錯行銷做到愈來愈好！因此，以下我將從「實戰」的角度出發，試著給廣告品牌主、KOL 三點建議。

 ## 分散風險，決定適合自己的投資行銷組合

　　該怎麼定義 A、B、C 咖 KOL 呢？說來殘忍，卻也是十分現實，我大致整理如下：

A 咖	B 咖	C 咖
粉絲數可能破十萬以上；如有部落格，每日瀏覽可能是八千以上。	粉絲數可能超過二萬以上；如有部落格每日瀏覽可能是三千～八千。	粉絲數可能在一萬左右，或許只有幾千人；如有部落格每日瀏覽可能是一千～三千；社群的目標受眾清楚，社群每則貼文的參與和互動率頻繁。

　　就如同投資，對於廣告主來說，與 KOL 合作也可分為積極、穩健、保守三大類。對於「積極型」的廣告主來說，建議可規劃五十萬元預算，一個品牌成熟、通路健全的廣告主，一年營業額可能上看數億，甚至數十億、百億之譜，這樣的行銷預算數字並不算多，而配置 A 咖、B 咖、C 咖比例可以抓六：二：二。

　　記住，有些 KOL 不一定會接你的業配文，也可能效果不如預期，為了避免最終成果落空或是找到不適切人選，分散風險，多找幾位 KOL 合作是必要的。

　　然而，對於中小企業主來說，年營業額可能是千萬元，此時，不妨採用「穩健型」策略，抓二十萬到五十萬元的行銷開支。在無法保證 KOL 一定會帶來獲利回報情況下，我建議 A 咖、B 咖、C 咖比例用二：六：二預算配

置法。

　　建議在找 B 咖 KOL 時，比起 A 咖，「配合度高」要更勝於「價格高」的問題；畢竟，B 咖 KOL 不似 A 咖案件充裕，選擇性多，假使你跟 B 咖 KOL 配合的成效好，長期建立一種信任關係，對品牌廣告主與 KOL 之間，會有更高的默契，未來行銷做法上也會更顯多元，對粉絲的理解與深度，也會因長期深化而有較好的成效反饋。

　　如果是想試試水溫的廣告主，在挑選 KOL 時，可採取保守型的預算配置，抓五到二十萬元，在這樣的數字之下，沒有太多空間可以找 A 咖 KOL，不妨集中火力，B 咖、C 咖比例用四：六預算配置法。

　　要提醒的是，找 C 咖 KOL 時，可以多找「內容質感契合」者，若可以談到內容授權，便能幫助你在網站、社群內容上的轉載、重新運用上，有大加分的效果。

KOL 最佳投資組合

① KOL 積極型

每筆預算：50 萬元以上
適合：品牌成熟、通路健全
目的：擴大顧客心占率

A 咖 60%	B 咖 20%	C 咖 20%

② KOL 穩健型

每筆預算：20-50 萬元
適合：網路零售加速布局
目的：提升網路銷售轉換

A 咖 20%	B 咖 60%	C 咖 20%

③ KOL 保守型

每筆預算：5-20 萬元
適合：預算有限但網路客群潛力十足
目的：擴大口碑聲量

B 咖 40%	C 咖 60%

短期銷售，拉高 KOL 粉絲的參與度

該如何讓 KOL 為你背書推薦，在短期內，創造好的銷售業績？

我的建議是，要給予 KOL 更大的加碼誘因，回饋給粉絲，讓粉絲有超乎預期的驚喜感，誘發粉絲採取進一步行動。你的加碼，也附帶地會讓 KOL 有一種成為品牌代言人被禮遇、獨有的感受。

例如：你賣面膜，想和粉絲透過抽獎互動，就要讓抽獎機率大幅提高，讓粉絲覺得你是跟他們玩真的，真的希望這群粉絲愛上你的好產品。假使有五百人參加這活動，想辦法提供一百份面膜，讓 20％的人都能體驗到你的產品。給足了 KOL 面子，讓 KOL 使勁為你推，也讓更多不認識你的粉絲，可以經由一次體驗接觸，之後才會跟你買。假使你找了十位 KOL 來推薦產品，你不用讓每一位 KOL 都做這種提高參與度的活動，但可以精選其中二到三位，平常就有在跟粉絲高度互動的 KOL，用此方法來刺激短期銷售。

從「小試身手做起」，小試是為了快速檢測，在最短的時間、最精實的人力中，快速從顧客反饋裡，找到一些

可依循的寶貴經驗，隨後再將「寶貴的經驗邏輯」加碼放大行銷預算，最終得到加倍的效果！

 ## 長期合作，挖掘潛力 KOL，甚至是 KOC

分析 KOL 到此，我想可以再從創造出的價值、合作時間兩個軸線，切分品牌與 KOL 的合作型態（如下圖）──理想上，合作能創造愈高價值，當然愈好，這又可區分為短打（C 類型）及長期耕耘（A 類型）。

至於創造價值不如預期的 KOL，無論是短打試水溫失敗（D 類型），或是長期合作卻成效令人失望者（B 類型），都應該釐清問題所在，避免重蹈覆轍。

回頭談談成功的合作案例：以 A 類型來說，如果可以跟好的 KOL 達成長期密切合作，至少可以獲得兩個好處，第一個好處是，你們有高度默契，粉絲也可以快速融入每一次行銷活動當中；第二，若是競爭品牌找上你長期配合的 KOL 做推薦，KOL 也會以你為主要考量，甚至可以要求 KOL 不接特定競爭對手的產品，避免目標受眾混淆，也比較容易幫助你在特定目標族群，建立不可取代或難以撼動的地位，這就是忠誠度。

KOL 長期投資合作的行銷策略

價值

高

C

高投資報酬型
短線合作、價值高
（EX：要留意 KOL 價值高效
益大者，如身價尚未大漲，可
討論長期合作的可能性）

A

長期持有深耕型
長期合作、價值高
（EX：從長期中找到優質、
效果好的 KOL，在忠誠度、
執行默契都有益處）

短

時間

長

D

代打過水型
短線合作、價值低
（EX：沒有長期合作的意思，以試水
溫來做每一次單點合作的 KOL 行銷）

B

問題與低投資報酬型
長期合作、價值低
（EX：釐清問題所在，重新思
考產品與 KOL 整體行銷策略）

低

　　至於 C 類型，也就是「短打」效果的 KOL，其實如果合作經驗好，KOL 的 CP 值也高，自然可以考慮長期合作，魚幫水，水幫魚，品牌和 KOL 有機會形成雙贏的共好經驗；另外，近年來，除了 KOL，KOC 也愈來愈多，這一群「微網紅」影響力雖不如 KOL，可能追蹤人數不多，卻因為身為消費者的一分子，往往能從自身經驗出發，訴說產品／品牌的故事。從數據面顯示，這些 KOC 的社群廣度上也許贏不了 KOL，但在互動上卻更好，一個追蹤數在一萬左右的 IG 帳號，平均在 Instagram 上的互動，可能都超過那些十幾萬甚至百萬的帳號好幾倍，這也是企業主值得留意的新趨勢。

結語
致親愛讀者的一封信

　　也許，你曾經疑惑，為什麼社群粉絲很多，卻無法變現？這一本書，便是獻給你的。

　　本書是我睽違五年後的第三本著作，它的出版，最終導向一個目的：幫助你具體實現「圈對粉就能賺大錢」！更直接地說，本書是我網路系列書中，最重要的第三部曲：社群粉絲經營，如何在各行各業中實踐商業變現？

　　第一部曲：《為何只有5%的人，網路開店賺到錢》，在2014年8月一上市就狂銷萬本，成了想在網路上開店做生意的經典之作。

　　第二部曲：《你，就是媒體》，2015年7月問世後，掀起了自媒體狂潮，不少個人、企業運用書中手把手教的五大關鍵技巧，打造了個人品牌，提升企業形象。

　　第三部曲：《圈對粉，小生意也能賺大錢》，在局勢混沌的2020年與大家見面，我希望透過這本書，讓更多個

人、中小企業，運用「爆」、「鎖」、「圈」、「賺」四步驟，輕鬆打造爆品、提升品牌價值、圈對好粉，進而獲利。

翻開本書，你就會明白為什麼社群粉絲經營，可貴之處不在於粉絲數量多少，而在於如何讓粉絲變成你的好顧客，成為含金的人流。如同本書闡述的，先有清楚的定位，才能打造品牌價值（爆）；掌握關鍵樞紐、意見領袖、超級用戶，才能讓顧客選擇你（鎖）；懂得如何圈出好粉，才能引爆口碑、擴大影響力（圈）；持續提供顧客價值、培養出自有會員池、優化購物流程，最後才能讓粉絲真正變現（賺）。

本書所提的這套方法論，並非理論，而是實務歸納出的心法──五年來，由我創立的「大大學院」（線上學習平台）簽約合作的知識型專家、各行業高手，已經超過四十位，遍布醫師、大學教授、企業講師、老闆、作家、網紅等職業，這些人在「大大學院」平台上，推出人生第一門線上付費課，而包括我在內，幕後操刀的團隊就是運用了「爆、鎖、圈、賺」四步驟，讓每一檔線上課的營收，十之八九突破百萬，其中，有四成線上課程營收超過三百萬元──這些商業思維、實際執行步驟，以及我十多年的網路行銷實戰經驗，已經全部寫在本書中，希望能幫助更

多個人、企業主，實現小生意也能賺大錢。

　　當然，除了成功經驗，避免重蹈覆轍同樣重要，本書中，我也一一爬梳了十餘年來，自己親身參與的社群經營挑戰、困境、限制。先標示出問題的靶，再「用對方法」，好好突圍，讓身處不同產業的你，能夠締造屬於你的成功經驗。也期待，無論是面對面，或是運用社群，你能與我分享這本書對你的助益，以及你的心得，到那時，換你說給我聽。

　　再次謝謝你選擇開啟這本書。我相信，無論是現在到未來，隨著科技日新月異，個人與企業品牌將重視的目光只會與日俱增，而正在閱讀這本書的你，一定要學會如何聰明駕馭社群，圈出屬於你的影響圈、價值圈。當顧客因你所提供的產品和服務解決痛點時，你的進步才有意義，而你，最終才會是被顧客需要的企業、組織和個體。

國家圖書館出版品預行編目資料

圈對粉，小生意也能賺大錢 / 許景泰作 . -- 初版 . --
臺北市：三采文化, 2020.07
　面；　公分
ISBN 978-957-658-367-4(平裝)

1. 網路行銷 2. 網路社群

496　　　　　　　　　　109007223

suncolor
三采文化集團

iRICH 26

圈對粉，小生意也能賺大錢：
不用百萬關注，只要鐵粉圈住，後網紅時代，IP 經濟正崛起！

作者｜ 許景泰
副總編輯｜ 王曉雯　　主編｜ 黃迺淳　　特約編輯｜ 姜鈞
美術主編｜ 藍秀婷　　封面設計｜ 池婉珊
專案經理｜ 張育珊　　行銷企劃｜ 陳穎姿
內頁排版｜ 菩薩蠻電腦科技有限公司　　校對｜ 黃薇霓

發行人｜ 張輝明　　總編輯｜ 曾雅青　　發行所｜ 三采文化股份有限公司
地址｜ 台北市內湖區瑞光路 513 巷 33 號 8 樓
傳訊｜ TEL:8797-1234　FAX:8797-1688　　網址｜ www.suncolor.com.tw
郵政劃撥｜ 帳號：14319060　　戶名：三采文化股份有限公司
初版發行｜ 2020 年 7 月 31 日　　定價｜ NT$400
　　2 刷｜ 2020 年 8 月 5 日